普通高等教育智能建筑系列教材

建筑物信息设施系统

王月明　张瑶瑶　吴建明　编著

U0239698

机 械 工 业 出 版 社

本书介绍了建筑物信息设施系统的基本知识和理论。全书共分 8 章，主要内容有智能建筑概述、建筑物信息设施系统的构成、综合布线系统、信息综合管路系统、接入网系统、移动通信室内信号覆盖系统与卫星通信系统、机房工程、用户电话交换系统与计算机信息网络系统、建筑物多媒体应用支撑系统（有线电视系统、会议系统、信息导引及发布系统、时钟系统等）以及信息设施系统工程实例。

本书可作为普通高等院校建筑电气与智能化相关专业的本科生、高职高专学生的教材，也可供从事建筑电气与智能化系统工程设计、施工、运维、管理的工程技术人员参考。

本书配有电子课件，欢迎选用本教材的老师发邮件到 jinacmp@ 163.com 索取，或登录 www.cmpedu.com 下载。

图书在版编目（CIP）数据

建筑物信息设施系统/王月明，张瑶瑶，吴建明编著. —北京：机械工业出版社，2020.3（2025.1 重印）
普通高等教育智能建筑系列教材
ISBN 978-7-111-64595-5

Ⅰ.①建… Ⅱ.①王…②张…③吴… Ⅲ.①智能化建筑-信息技术-基础设施-高等学校-教材 Ⅳ.①TU855

中国版本图书馆 CIP 数据核字（2020）第 016667 号

机械工业出版社（北京市百万庄大街 22 号　邮政编码 100037）
策划编辑：吉　玲　责任编辑：吉　玲　刘丽敏
责任校对：王　欣　封面设计：张　静
责任印制：常天培
固安县铭成印刷有限公司印刷
2025 年 1 月第 1 版第 4 次印刷
184mm×260mm · 11.75 印张 · 285 千字
标准书号：ISBN 978-7-111-64595-5
定价：32.00 元

电话服务　　　　　　　　　网络服务
客服电话：010-88361066　　机 工 官 网：www.cmpbook.com
　　　　　010-88379833　　机 工 官 博：weibo.com/cmp1952
　　　　　010-68326294　　金 书 网：www.golden-book.com
封底无防伪标均为盗版　　机工教育服务网：www.cmpedu.com

前　言

　　智能建筑是以建筑物为平台，基于对各类智能化信息的综合应用，集架构、系统、应用、管理及优化组合为一体，具有感知、传输、记忆、推理、判断和决策的综合智慧能力，形成以人、建筑、环境互为协调的整合体，为人们提供安全、高效、便利及可持续发展功能环境的建筑。

　　信息设施系统是为满足建筑物的应用与管理对信息通信的需求，将各类具有接收、交换、传输、处理、存储和显示等功能的信息系统整合，形成建筑物公共通信服务综合基础条件的系统。根据国家设计标准的要求，结合智能建筑系统工程建设的实际情况，建筑物中的信息设施系统包括信息接入系统、布线系统、移动通信室内信号覆盖系统、卫星通信系统、用户电话交换系统、无线对讲系统、信息网络系统、有线电视及卫星电视接收系统、公共广播系统、会议系统、信息导引及发布系统和时钟系统等。

　　本书编写依据我国最新的智能建筑设计标准、综合布线工程设计规范和数据中心设计规范等，并参考了大量的相关教材或建筑弱电工程技术图书。本书把信息设施系统的各子系统按照国家标准分为信息通信基础设施、数据应用支撑设施、语音应用支撑设施和多媒体应用支撑设施。因信息通信基础设施中的综合布线系统在信息设施系统中比较重要，机房工程是各信息设施系统智能化的运行条件，且目前数据中心构建管理需求较大，故将这两部分单独设置成章，力求内容全面同时突出重点。本书将所有弱电系统通用的施工方法整理为信息综合管路系统，使得知识结构化、系统化。本书深入浅出地阐述了建筑物信息设施系统的理论、规范及实际工程案例，并在每章节设置项目拓展训练，以提高学生的工程设计水平与实际应用能力。

　　本书由王月明和张瑶瑶编写和统稿，吴建明参与了部分章节的编写工作。全书共分8章，第1章为绪论；第2章为综合布线系统；第3章为信息综合管路系统；第4章为信息通信基础设施（包括信息接入系统、移动通信室内信号覆盖系统与卫星通信系统）；第5章为机房工程；第6章为语音应用与数据应用支撑设施；第7章为多媒体应用支撑设施；第8章为信息设施系统工程实例。由于各院校开设"建筑物信息设施系统"课程的学时不同、教学大纲不同，授课教师可以在教学中对本教材内容进行选择调整。

　　在本书编写过程中，杨延凯和吴建明帮助整理了大量的资料，长安大学王娜教授、西安建筑科技大学于军琪教授、内蒙古科技大学李琦教授提出了宝贵的意见，在此向他们表示衷心的感谢。

　　由于短时间内整理了大量的材料以及作者水平有限，书中难免有错漏之处，敬请同行和读者批评指正以及提出宝贵建议。

编　者

目 录 Contents

第 1 章

绪 论

1.1 智能建筑概述

欧美国家 20 世纪 50 年代兴建大型建筑，并提出楼宇自动化的概念。1984 年世界上第一幢智能大厦在美国出现，联合技术建筑系统公司（United Technology Building System Corp）在康涅狄格州哈特福德市建设了 City Place 大厦，实现办公自动化、设备自动控制和通信自动化。20 世纪 80 年代后期智能大厦的概念开始引入国内，20 世纪 90 年代中期智能大厦在我国蓬勃发展。智能建筑提供舒适健康的环境，激发高效的个人创造力，高度支持办公事务、商务需求与文化交流，保证安全的生活空间，具有适应建筑功能变化的灵活性。

我国《智能建筑设计标准》GB 50314—2015 对智能建筑的定义是：以建筑物为平台，基于对各类智能化信息的综合应用，集架构、系统、应用、管理及其优化组合为一体，具有感知、传输、记忆、推理、判断和决策的综合智慧能力，形成以人、建筑、环境互为协调的整合体，为人们提供安全、高效、便利及可持续发展功能环境的建筑。

智能建筑作为信息高速公路的节点和信息港的码头，已充分表现了它在经济、文化、科技领域中的重要作用。智能化系统是相对需求设置的，为满足安全性需求，在智能建筑中设置公共安全系统，其内容主要包括火灾自动报警系统、安全技术防范系统和应急响应系统；为满足舒适、节能、环保、健康、高效的需求，在智能建筑中设置建筑设备管理系统；为满足工作上的高效性和便捷性，在智能建筑中设置方便快捷和多样化的信息设施系统与信息化应用系统，把原来相对独立的资源、功能等集合到一个相互关联、协调和统一的智能化集成系统之中，对各子系统进行科学高效的综合管理，以实现信息综合、资源共享。

1.2 智能小区

智能小区的概念是建筑智能化技术与现代居住小区相结合而衍生出来的。智能化住宅小区是指利用现代通信网络技术、计算机技术、自动控制技术，通过有效的传输网络，建立一个由住宅小区综合物业管理中心与安防系统、信息服务系统、物业管理系统以及家居智能化组成的"三位一体"住宅小区服务和管理集成系统，为小区中的每个家庭能提供安全、舒适、温馨和便利的生活环境。

住房和城乡建设部住宅产业化促进中心颁布的《居住小区智能化系统建设要点与技术导则》明确指出"居住小区智能化系统总体目标是：通过采用现代信息传输技术、网络和信息集成技术，进行科学设计、优化集成、精心建设，提高住宅高新科技含量和居住环境水平，以满足居民现代居住生活的要求。"

在《居住小区智能化系统建设要点与技术导则》中，住宅小区应具有安全防范子系统、信息管理子系统、信息网络子系统，具体功能如图 1-1 所示。为使不同类型、不同居住对象、不同建设标准的住宅小区合理配置智能化系统，小区按功能设定、技术含量、经济投入等因素综合考虑，划分为一星级、二星级和三星级三种类型。

安全防范子系统					信息管理子系统						信息网络子系统		
出入口管理及周界防越报警	闭路电视监控	对讲与防盗门控	住户报警	巡更管理	对安全防范系统实行监控	远程抄收与管理或IC卡	车辆出入与停车管理	主要设备监控管理	紧急广播与背景音乐系统	物业管理计算机系统	为实现上述功能科学合理布线	每户不少于两对电话线和电视插座	建立有线电视网

图 1-1　住宅小区智能化系统功能表

居住小区智能化系统一星级、二星级、三星级的要求分别如下：

一星级：具备安全防范子系统、信息管理子系统、信息网络子系统的基本功能。

二星级：具备一星级的全部功能，同时在安全防范子系统和信息管理子系统的建设方面，其功能及技术水平应有较大提升。信息传输通道应采用高速宽带数据网作为主干网。物业管理计算机系统应配置局部网络，并可供住户联网使用。

三星级：具备二星级的全部功能，其中信息传输通道应采用宽带光纤用户接入网作为主干网，实现交互式数字视频业务。三星级住宅小区智能化系统建设应实施现代集成建造系统（HI-CIMS）技术，并把物业管理智能化系统建设纳入整个住宅小区建设中，作为 HI-CIMS 工程中的一个子系统。同时，HI-CIMS 系统要考虑物业公司对其智能化系统管理的运行模式，使其实现先进性、可扩展性和科学管理。

1.3　信息设施系统的构成

信息设施系统是为满足建筑物的应用与管理对信息通信的需求，将各类具有接收、交换、传输、处理、存储和显示等功能的信息系统整合，形成建筑物公共通信服务综合基础条件的系统。

信息设施系统如图 1-2 所示，包括信息接入系统、信息网络系统、电话交换系统、综合布线系统、无线对讲系统、移动通信室内信号覆盖系统、公共广播系统、卫星通信系统、有线电视及卫星电视接收系统、信息导引及发布系统、时钟系统、会议系统、信息综合管路系统及其他相关的信息通信系统等。

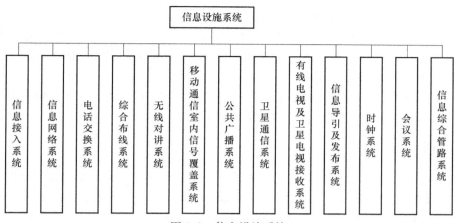

图 1-2 信息设施系统

　　智能建筑的工程架构规划分项按设施架构整体层次化的结构形式，分别有基础设施、信息服务设施及信息化应用设施。建筑物信息设施系统既有基础设施，又有信息服务设施，除了上述子系统，基础设施还包含机房工程，机房工程是提供各类智能化系统的设备及装置等安置和运行的基础设施，也是确保各智能化系统安全、可靠和高效地运行而实施的综合工程。一般来说各子系统都应有机房工程作为基础支撑条件，如电话交换系统的电话（用户）交换机房、火灾自动报警系统的消防控制室、安全技术防范系统的监控中心、建筑设备自动化系统的设备监控中心、通信接入系统的通信设备机房、无线信号覆盖系统的无线通信机房、公共广播系统的控制室等。

1.3.1 信息接入系统

　　一个信息通信网的体系结构由三部分组成，即核心网、接入网和用户网。核心网包括了中继网（本市内）和长途网（城市间）以及各种业务节点机（如局用数字程控交换机、核心路由器、专业服务器等）。核心网和接入网通常归属电信运营商管理和维护，用户网则归用户所有。因此，信息接入网是连接核心网和用户网的纽带，通过它实现把核心网的业务提供给最终用户。

　　接入网为本地交换机与用户端设备之间的一系列传输实体，其作用是综合考虑本地核心网和用户终端设备，通过有限的标准化接口将核心网的各项业务提供给用户。

1.3.2 信息网络系统

　　信息网络系统通过传输介质和网络连接设备将分散在建筑物中具有独立功能、自治的计算机系统连接起来，通过功能完善的网络软件，实现网络信息和资源共享，为用户提供高速、稳定、实用和安全的网络环境，实现系统内部的信息交换及系统内部与外部的信息交换，使智能建筑成为信息高速公路的信息节点。另外，信息网络系统还是实现建筑智能化系统集成的支撑平台，各个智能化系统通过信息网络有机地结合在一起，形成一个相互关联、协调统一的集成系统。

　　信息网络具有以下功能：

　　1）数据通信：利用信息网络可实现各计算机之间快速可靠地互相传送数据，进行信息交流，如发送电子邮件与信息浏览等服务。

2）资源共享：包括硬件资源的共享和软件资源的共享，如计算处理能力、大容量磁盘、高速打印机、绘图仪、数据库、文件和其他计算机的有关信息，从而增强网络上计算机的处理能力，提高软硬件的利用率。

此外，信息网络还可以均衡网络负荷，提高计算机的处理能力，对于网络中的计算机进行集中管理，通过系统的冗余和备份增强系统的可靠性。

1.3.3 电话交换系统

电话通信达成人们在任意两地之间的通话。一个完整的电话通信系统包括使用者的终端设备（用于语音信号发送和接收的话机）、传输线路及设备（支持语音信号的传输）和电话交换设备（实现各地电话机之间灵活地交换连接），而电话交换设备（电话交换机）是整个电话通信网络中的枢纽。

建筑物内的电话通信提供支持的电话交换系统有多种可选的模式，如可设置独立的综合业务数字程控用户交换机系统、采用本地电信业务经营者提供的虚拟交换方式、采用配置远端模块方式或采用软交换机通过 Internet 提供 IP 电话服务。

自动用户小交换机（Private Automatic Branch eXchange，PABX）是机关工矿企业等单位内部进行电话交换的一种专用交换机，它采用计算机程序控制方式完成电话交换任务，主要用于用户交换机内部用户与用户之间，以及用户通过用户交换机中继线与外部电话交换网上的各用户之间的通信。

虚拟用户交换机是一种利用局域程控交换机的资源为公用网用户提供用户交换机功能的新业务，是将用户交换机的功能集中到局用交换机中，用局用交换机来替代用户小交换机，它不仅具备所有用户小交换机的基本功能，还可享用公网提供的电话服务功能。

1.3.4 综合布线系统

综合布线系统是为适应综合业务数字网（Integrated Services Digital Network，ISDN）的需求而发展起来的一种特别设计的布线方式，它为智能大厦和智能建筑群中的信息设施提供了多厂家产品兼容、模块化扩展、更新与系统灵活重组的可能性。既为用户创造现代信息系统环境，强化了控制与管理，又为用户节约了费用，保护了投资。综合布线系统已成为现代化建筑的重要组成部分。

建筑物与建筑群综合布线系统采用开放式的体系、灵活的模块化结构、符合国际工业标准的设计原则，支持众多系统及网络，不仅可获得传输速度及带宽的灵活性，满足信息网络布线在灵活性、开放性等诸多方面的要求，而且可将语音、数据、图像及多媒体设备的布线组合在一套标准的布线系统上，用相同的电缆与配线架、相同的插头与模块化插座传输语音、数据、视频信号，以一套标准配件综合了建筑及建筑群中多个通信网络，故称之为综合布线系统。

1.3.5 无线对讲系统

无线对讲系统是一个独立的以放射式的双频双向自动重复方式通信的系统，解决因使用通信范围或建筑结构等因素引起的通信信号无法覆盖的问题，便于在管理场所内非固定的位置执行职责人员（如保安、工程、操作及服务的人员）精准联络使用。

1.3.6　移动通信室内信号覆盖系统

移动通信室内信号覆盖系统是将基站的信号通过有线的方式直接引入到室内的每一个区域，再通过小型天线将基站信号发送出去，同时也将接收到的室内信号放大后送到基站，从而消除室内覆盖盲区，保证室内区域拥有理想的信号覆盖，为楼内的移动通信用户提供稳定、可靠的室内信号，改善建筑物内的通话质量，从整体上提高移动网络的服务水平。

移动通信室内信号覆盖系统由信号源和信号分布系统两部分组成。信号源设备主要为微蜂窝基站、宏蜂窝基站或室内直放站；信号分布系统主要由同轴电缆、光缆、泄漏电缆、电端机、光端机、干线放大器、功分器、耦合器、室内天线等设备组成。

1.3.7　公共广播系统

公共广播系统是专用于远距离、大范围内传输声音的电声音频系统，能够对处在广播系统覆盖范围内的所有人员进行信息传递。公共广播系统在现代社会中应用十分广泛，主要体现在背景音乐、远程呼叫、消防报警、紧急指挥以及日常管理应用上。公共广播系统通常设置于公共场所，为机场、港口、地铁、火车站、宾馆、商厦、学校等提供背景音乐和其他节目，出现火灾等突发情况时，则转为紧急广播之用。

公共广播系统按广播的内容可分为业务性广播、服务性广播和紧急广播。业务性广播是以业务及行政管理为主的语言广播，主要应用于院校、车站、客运码头及航空港等场所。服务性广播以欣赏性音乐类广播为主，主要用于宾馆客房的节目广播及大型公共场所的背景音乐。紧急广播以火灾事故广播为主，用于火灾时引导人员疏散。在实际使用中，通常是将业务性广播或背景音乐和紧急广播在设备上有机结合起来，通过在需要设置业务性广播或背景音乐的公共场所装设组合式声柱或分散式扬声器，平时播放业务性广播或背景音乐，当发生紧急事件时，强切为紧急广播，指挥疏散人群。

1.3.8　卫星通信系统

卫星通信系统是智能建筑的信息设施系统之一，通过在建筑物上配置的卫星通信系统天线接收来自卫星的信号，为智能建筑物提供与外部通信的一条链路，使大楼内的通信系统更完善、更全面，满足建筑的使用业务对语音、数据、图像和多媒体等信息通信的需求。

卫星通信系统由地球同步卫星和各种卫星地球站组成。卫星起中继作用，转发或发射无线电信号，在两个或多个地球站之间进行通信。地球站是卫星系统与地面公共网的接口，地面用户通过地球站接入卫星系统，形成连接电路。地球站的基本作用是一方面接收来自卫星的微弱微波信号并将其放大成为地面用户可用的信号，另一方面将地面用户传送的信号加以放大，使其具有足够的功率，并将其发射到卫星。

1.3.9　有线电视及卫星电视接收系统

有线电视也叫电缆电视，其保留了无线电视的广播制式和信号调制方式，并未改变电视系统的基本性能。有线电视把录制好的节目通过缆线（电缆或光缆）送给用户，再用电视机重放出来，所以又叫闭路电视。卫星电视是利用地球同步卫星将数字编码压缩的电视信号传输到用户端的一种广播电视形式。

在智能建筑中，卫星电视和有线电视接收系统是适应人们使用功能需求而普遍设置的基本系统，该系统将随着人们对电视收看质量要求的提高和有线电视技术的发展，在应用和设计技术上不断的提高。有线电视网络的优势主要体现在以下几个方面：实现广播电视的有效覆盖；图像质量好，抗干扰能力强；频道资源丰富，传送的节目多；宽带入户，便于综合利用；能够实现有偿服务。

1.3.10 信息导引及发布系统

信息导引及发布系统的主要功能是在某些功能区域进行电视节目或定制信息的按需发布和客户信息查询，其通过管理网络连接到系统服务器及控制器，对信息采集系统获得的信息进行编辑及播放控制。信息引导及发布系统主要包括大屏幕显示系统和触摸屏查询系统。

大屏幕系统是一个集视频技术、计算机及网络技术、超大规模集成电路等综合应用于一体的大型电子显示系统，其主要功能为信息接收及信息显示。触摸屏查询系统将文字、图像、音乐、视频、动画等数字资源集成并整合在一个互动的平台上，具有图文并茂、有趣生动的表达形式，给用户很强的音响、视觉冲击力，并留下深刻的印象。

1.3.11 时钟系统

时钟系统从 GPS 卫星上获取标准的时间信号，将这些信息传输给自动化系统中需要时间信息的设备，如计算机、保护装置、事件顺序记录装置、安全自动装置、远程终端单元等，以达到整个系统时间同步的目的。时钟系统由母钟、时间服务器、时间网管、交换设备及子钟等组成。

1.3.12 会议系统

会议系统是一种让身处异地的人们通过某种传输介质实现"实时、可视、交互"的多媒体通信技术，主要包括数字会议系统和视频会议系统。

数字会议系统的核心是采用先进的数字音频传输技术，用模块化结构将会议签到、发言、表决、扩声、照明、跟踪摄像、显示、网络接入等子系统根据需求有机地连接成一体，由会议设备总控系统根据会议议程协调各子系统工作，从而实现对各种大型的国际会议、学术报告会及远程会议的服务和管理。

视频会议系统又称会议电视系统，是指两个或两个以上不同地方的个人或群体，通过传输线路及多媒体设备，将声音、影像及文件资料互传，实现即时且互动的沟通，以实现远程会议的系统设备。视频会议除了能与你通话的人进行语言交流外，还能看到他们的表情和动作，使处于不同地方的人就像在同一会议室内沟通。

1.3.13 信息综合管路系统

信息综合管路系统是为了适应各智能化系统数字化技术发展和网络化融合趋向，整合建筑物内各智能化系统信息传输基础链路的公共物理路由，使建筑中的各智能化系统的传输介质按一定的规律，合理有序地安置在大楼内的综合管路中，避免相互间的干扰或碰撞，为智能化系统综合功能充分发挥作用提供保障。信息综合管路系统包括与整个智能化系统相关的弱电预埋管、预留孔洞、弱电竖井、桥架、管路，以及系统的电源供应、接地、避雷、屏蔽和防火等，是现代建筑物内的综合系统工程。

第 2 章

综合布线系统

2.1 综合布线系统概述

建筑物与建筑群综合布线系统（Generic Cabling System，GCS）是建筑物或建筑群内的传输网络，是建筑物内的"信息高速路"。它既使语音和数据通信设备、交换设备和其他信息管理系统彼此相连，又使这些设备与外界通信网络相连接。综合布线系统支持具有TCP/IP通信协议的视频安防监控系统、出入口控制系统、停车场管理系统、访客对讲系统、智能卡应用系统、建筑设备管理系统、能耗计量及数据远传系统、公共广播系统、信息导引（标识）及发布系统等弱电系统的信息传输。

2.1.1 综合布线系统的概念及特点

综合布线系统是一种由缆线及相关接续设备组成的信息传输系统，它以一套配线系统综合通信网络、信息网络及控制网络，可以使信号实现互连互通。综合布线系统的主体是建筑群或建筑物内的信息传输介质，使语音设备、数据通信设备、交换设备等彼此相连，并使这些设备与外部通信网络连接。

网络综合布线的发展与建筑物自动化系统密切相关。由于传统布线是各自独立的，各系统分别由不同的专业设计和安装，采用不同的线缆和不同的终端插座，而且连接这些不同布线的插头、插座及配线架均无法互相兼容，需要更换设备时，就必须更换布线，其改造不仅增加投资和影响日常工作，也影响建筑物整体环境，同时增加了管理和维护的难度。为了彻底解决上述问题，美国朗讯科技公司贝尔实验室于 20 世纪 80 年代末期推出了结构化布线系统（Structured Cabling System，SCS）。结构化布线系统是针对上述缺点而采取的标准化的统一材料、统一设计、统一布线、统一安装施工的布线系统，做到结构清晰，便于集中管理和维护。

综合布线系统包含了建筑物内部和外部线路的缆线及相关设备的连接措施，它使建筑物或建筑群内的线路布置标准化、简单化，能形成具有通用性和稳定性的信息传输媒介系统，允许灵活配置信息网络拓扑结构，也可支撑语音、数据、图像、多媒体信息传输。综合布线系统具有如下特点：

1）可扩充性：综合布线系统是可扩充的，在系统需要发展时有充足的余地扩展设备。

2）开放性：综合布线采用开放式体系结构，几乎对所有著名厂商的产品都是开放的，布线系统中除去固定于建筑物内的水平线缆外，其余所有的设备都应当是可任意更换插拔的标准组件，以方便使用、管理和扩充。

3）标准化：布线系统采用和支持各种相关技术的国际标准、国家标准及行业标准，使作为基础设施的布线系统不仅能支持现在的各种应用，还能适应未来的技术发展。

4）经济性：综合布线与传统的布线方式相比，是一种既具有良好的初期投资特性，又具有很高的性能价格比的高科技产品。

2.1.2 综合布线系统相关标准

综合布线标准是布线制造商和布线工程行业共同遵循的技术法规，规定了从网络布线产品制造到布线系统设计、安装施工、测试等一系列技术规范。布线标准不仅为元器件和整个布线系统确定了性能要求，同时为缆线、设备、测试仪器等生产商和布线系统实施单位提供了准则。目前综合布线遵循的标准有如下几种：

1）国际布线标准：国际标准化组织（ISO）和国际电工委员会（IEC）颁布了 ISO/IEC 11801 国际标准，名为“普通建筑的基本布线”。ISO/IEC 11801 标准把信道（Channel）定义为包括跳线（除少数设备跳线外）在内的所有水平布线。此外，ISO 还定义了链路（Link），即从配线架到工作区信息插座的所有部件。链路模式通常被定义为最低性能，4 种链路的性能级别被定义为 A、B、C 和 D，其中 D 级具有最高的性能，并且规定带宽要达到 100MHz。

2）美国综合布线标准：美国最早在 1991 年颁布了 ANSI/TIA/EIA-568-A《商用建筑通信布线标准》，随后颁布了 ANSI/TIA/EIA-568-B，正式通过了 6 类布线标准，该标准也被国际标准化组织 ISO 批准。2008 年 TIA（美国通信工业协会）发布了 TIA568-C.0 以及 TIA568-C.1 标准，将逐步取代 ANSI/TIA/EIA-568-B。

ANSI/TIA/EIA-569-A《电信通道和空间的商用建筑标准》主要为所有与电信系统和部件相关的建筑设计提供规范和规则。ANSI/TIA/EIA-569-B 规定了 6 种不同的从电信室到工作区的水平布线方法：地下管道、活动地板、管道、电缆桥架和管道、天花板路径、周围配线路径。TIA 系列布线标准对我国布线行业的标准影响巨大，对我国通信网络基础设施建设产生积极的推动作用。

3）欧洲综合布线标准：欧洲标准有 EN 50173、EN 55014、EN 50167、EN 50168、EN 50288-5-1 等。CELENEC-EN 50173《信息系统通用布线标准》与 ISO/IEC 11801 标准是一致的，但是 EN 50173 比 ISO/IEC 11801 更为严格，它更强调电磁兼容性，提出通过线缆屏蔽层，使线缆内部的对绞线在高带宽传输的条件下，具备更强的抗干扰能力和防辐射能力。

4）国内综合布线标准：现有国内综合布线系统标准大致分为两类，即通信行业标准（如大楼通信综合布线系统）和国家标准（如综合布线系统工程设计规范和综合布线系统工程验收规范）。

国家标准是指对国家经济、技术和管理发展具有重大意义而且必须在全国范围内统一的标准，而行业标准是指没有国家标准而又需要在全国本行业范围内统一的标准。通用标准往往是国家标准，产品标准往往是行业标准。

国家标准的内容主要倾向于布线系统的指标，规范了布线系统信道及永久链路的指标，并没有规定系统中产品的指标。

行业标准的内容主要倾向于布线系统中产品的指标，规范了线缆、连接硬件（配线架及模块）等布线系统产品的指标。

《综合布线系统工程设计规范》（GB 50311—2016）在 2016 被批准为国家规范，旧规范 GB 50311—2007 作废，新规范于 2017 年 4 月 1 日开始实施。GB 50311—2016 规范修订的主要技术内容有：在 GB 50311—2007 内容基础上，对建筑群与建筑物综合布线系统及通信基础设施工程的设计要求进行了补充与完善；增加了布线系统在弱电系统中的应用相关内容；增加了光纤到用户单元通信设施工程设计要求，并新增有光纤到用户单元通信设施工程建设的强制性条文，丰富了管槽和设备的安装工艺要求，增加了相关附录。

2.2 综合布线系统的组成部件

综合布线系统产品由各个不同系列的器件所构成，包括传输介质、交叉/直接连接设备、介质连接设备、适配器、传输电子设备等器件。

2.2.1 传输介质

1. 对绞线

对绞线（Twisted Pair，TP）是一种综合布线工程中最常用的传输介质。对绞线由按规则螺旋结构排列的 2 根、4 根或 8 根绝缘导线组成。一个线对可以作为一条通信线路，各线对螺旋排列的目的是为了使各线对发出的电磁波相互抵消，从而使相互之间的电磁干扰最小。

（1）对绞线的分类

1）按电气性能划分的话，美国通信工业协会（TIA）制定的标准是 EIA/TIA-568-B，对绞线可以分为 1 类、2 类、3 类、4 类、5 类、超 5 类、6 类、超 6 类、7 类共 9 种类型。其中 1 类、2 类、3 类、4 类对绞线传输速率较低，除了传统的语音系统仍然使用 3 类对绞线以外，其他已基本退出市场。网络布线目前采用较多的是超 5 类或 6 类非屏蔽对绞线，超 6 类线和 7 类线也将逐渐进入应用阶段。

超 5 类线具有衰减小、串扰少等优点。6 类线的传输频率为 1~250MHz，6 类布线的传输性能远远高于超 5 类标准。6 类非屏蔽对绞线增加了绝缘的十字骨架，将对绞线的 4 对线分别置于十字骨架的 4 个凹槽内，如图 2-1 所示。超 6 类线是在 40℃ 以上仍可正常运行的高性能布线系统，传输频率可达到 300MHz，在 50℃ 时依然可达到 6 类标准规定的 20℃ 的性能指标。7 类线是 ISO 7 类/F 级标准中最新的一种对绞线，它主要为了适应万兆以太网技术的应用和发展，其传输频率至少可达 600MHz，传输速率可达 10Gbit/s。

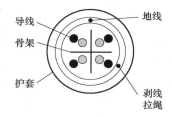

图 2-1 6 类非屏蔽对绞线结构

2）按对绞线是否包缠有金属屏蔽层划分，对绞线可分为屏蔽对绞线（Shielded Twisted Pair，STP）和非屏蔽对绞线（Unshielded Twisted Pair，UTP）两种。金属屏蔽对绞线又分为屏蔽对绞电缆、网孔屏蔽对绞线等结构形式。

（2）对绞线的结构

对绞电缆是由两根具有绝缘层的铜导线按一定密度螺旋状互相绞缠在一起构成的线对。

对绞电缆基本物理结构形式如图2-2所示。

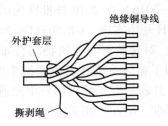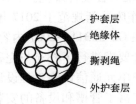

图2-2　非屏蔽对绞线物理结构

把两根绝缘的铜导线按一定密度互相绞在一起，可降低信号干扰的程度，每一根导线在传输中辐射出来的电波会被另一根线上发出的电波抵消。如果把一对或多对对绞线放在一个绝缘套管中便成了对绞线电缆。一般扭线越密其抗干扰能力就越强。与其他传输介质相比，对绞线在传输距离、信道宽度和数据传输速度等方面均受一定限制，但价格较为低廉。

屏蔽对绞线是在普通非屏蔽布线的外面加上金属屏蔽层，利用金属屏蔽层的反射、吸收及趋肤效应实现防止电磁干扰及电磁辐射的功能。屏蔽对绞线的优点主要体现在它具有的很强的抵抗外界电磁干扰、射频干扰的能力，同时也能够防止内部传输信号向外界的能量辐射，具有很好的系统安全性。

（3）对绞线的性能

对绞电缆的电气性能指标主要有线对支持的带宽、衰减、特征阻抗、回波损耗、ARC值、时延、近端串扰、近端串扰功率和、等效远端串扰、等效远端串扰功率和以及耦合衰减等。

对绞电缆的物理特性：护套材料包括屏蔽与非屏蔽、防火阻燃等级及材料，其他物理性能包括重量、直径尺寸（导体、绝缘体、电缆）、弯曲半径、拉力、温度（安装和操作）。除了上述性能还应关注对绞电缆的安全性能，以及对绞电缆的环境保护等。

（4）大对数电缆

在干线敷设中，由于用缆量较大，经常使用大对数电缆，如图2-3所示。大对数电缆由很多一对一对的电缆组成一小捆，再由很多小捆组成一大捆，更大对数的电缆则再由更多大捆组成一根大电缆。

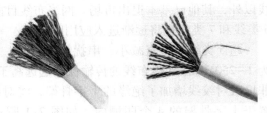

图2-3　大对数电缆

2. 同轴电缆

同轴电缆（Coaxial Cable）是一种由内、外两个导体组成的通信电缆。它的中心是一根单芯铜导体，铜导体外面是绝缘层（采用满足同轴电缆电气参数要求的绝缘材料），绝缘层的外面有一层导电金属层，最外面还有一层保护用的外部套管，如图2-4所示。同轴电缆频率特性比对绞线好，能进行较高速率的传输，且屏蔽性能好，抗干扰能力强，通常多用于基带传输。同轴

图2-4　同轴电缆的结构示意图

电缆与对绞线电缆不同之处是只有一个中心导体，具有足够的可柔性，能支持较大的弯曲半径。

（1）同轴电缆的性能

1）同轴电缆的主要电气性能：特征阻抗、衰减、传播速度和直流回路电阻。

2）同轴电缆的主要物理性能：同轴电缆的可柔性、支持的弯曲半径、中心导体直径、屏蔽层传输阻抗和材料。

（2）同轴电缆的类型及用途

同轴电缆可分为两种基本类型，即基带同轴电缆（粗同轴电缆）和宽带同轴电缆（细同轴电缆），主要区别见表 2-1。

表 2-1　两种同轴电缆的对比表

项　　目	基带同轴电缆	宽带同轴电缆
特征阻抗/Ω	50	75
传输速率/(Mbit/s)	10	传输模拟信号时，其信号频率可高达 300~400MHz；用于连接计算机网络时，传输数字信号可达 10Mbit/s
传输距离/km	1	用于传输模拟信号时，传输距离可达 100km；用于连接计算机网络时，传输距离达到 500m

3. 光纤

光纤是一条玻璃或塑胶纤维，也是一种将信息从一端传送到另一端的传输媒介。可以像一般铜缆线，传送语音或数据等资料，不同的是光纤传送的是光信号而非电信号。光纤具有很多独特的优点，如宽频宽、低损耗、屏蔽电磁辐射、重量轻、安全性高、隐秘性好。

（1）光纤的分类

1）按照制造光纤所用的材料分为石英系光纤、多组分玻璃光纤、塑料包层石英芯光纤、全塑料光纤和氟化物光纤。目前通信中普遍使用的是石英系光纤。

2）按折射率分布情况分为阶跃型光纤（Step Index Fiber，SIF）和渐变型光纤（Graded Index Fiber，GIF），两种光纤的结构如图 2-5 所示。

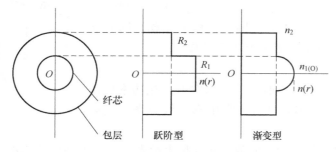

图 2-5　阶跃型光纤和渐变型光纤的结构

阶跃型光纤：光纤中心芯到玻璃包层的折射率是突变的，只有一个台阶，所以称为阶跃型折射率多模光纤，简称阶跃光纤，也称突变光纤。这种光纤的模间色散高，传输频带不宽，传输速率不能太高，用于通信不够理想，只适用于短途低速通信。这是研究开发较早的一种光纤，现在已逐渐被淘汰了。但单模光纤由于模间色散很小，所以单模光纤都采用突变型。

渐变型光纤：为了解决阶跃光纤存在的弊端，人们又研制开发了渐变型折射率多模光纤，简称渐变光纤。由于高次模和低次模的光分别在不同的折射率层界面上按折射定律产生折射，进入低折射率层中去，因此，光的行进方向与光纤轴方向所形成的角度将逐渐变小，光在渐变光纤中会自觉地进行调整从而最终到达目的地。

3）按光在光纤中的传输模式可分为单模光纤和多模光纤。

单模光纤：中心玻璃芯很细（芯径一般为 $9\mu m$ 或 $10\mu m$），只能传一种模式的光。其模间色散很小，适用于远程通信，但存在着材料色散和波导色散，这样单模光纤对光源的谱宽和稳定性有较高的要求，即谱宽要窄，稳定性要好。在 $1.31\mu m$ 波长处，单模光纤的材料色散和波导色散一为正、一为负，大小也正好相等，总色散为零。从光纤的损耗特性来看，$1.31\mu m$ 处正好是光纤的一个低损耗窗口。这样 $1.31\mu m$ 波长区就成了光纤通信的一个很理想的工作窗口，也是现在实用光纤通信系统的主要工作波段。

多模光纤：中心玻璃芯较粗（$50\mu m$ 或 $62.5\mu m$），可传多种模式的光。但其模间色散较大，限制了传输数字信号的频率，而且这种情况随距离的增加会更加严重，因此，多模光纤传输的距离较短。

4）按光纤的工作波长可分为短波长光纤、长波长光纤和超长波长光纤。短波长光纤是指 $0.8\sim0.9\mu m$ 的光纤，长波长光纤是指 $1.0\sim1.7\mu m$ 的光纤，而超长波长光纤则是指 $2\mu m$ 以上的光纤。一般情况下，短波光模块使用多模光纤，长波光模块使用单模光纤，以保证数据传输的准确性。

（2）光纤的结构

典型结构的光纤是由纤芯、包层和涂覆层组成的圆柱形细丝。一根标准的光纤包括纤芯、包层、涂覆层、缓冲层、加强层和外护套几个部分，如图 2-6 所示。

光纤通常由石英玻璃制成，它质地脆，易断裂，需要外加一保护层。包层位于纤芯外层，作用是将光波限制在纤芯中。核心部分是纤芯和包层，是光波的主要传输通道。纤芯粗细、纤芯材料和包层材料的折射率，对光纤的特性起决定性影响。在包层之外是涂覆层、缓冲层、加强层、外护套，保护光纤不受水汽的侵蚀和机械的擦伤，同时又增加光纤的柔韧性，起着延长光纤寿命的作用。

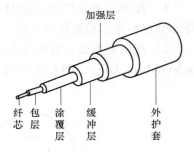

图 2-6　光纤结构示意图

（3）光纤的性能

1）光源与光纤的耦合。通常把光源发射的光功率尽可能多地送入传输光纤，称为耦合，常用耦合效率来衡量耦合的程度。

2）光纤的数值孔径。光纤的数值孔径是衡量光纤接收光功率能力的参数。入射到光纤端面的光并不能全部被光纤所传输，只是在某个角度范围内的入射光才可以。通常把这个角度称为光纤的数值孔径。

3）光纤的损耗。所谓损耗是指光纤每单位长度上的衰减，单位为 dB/km。光纤损耗的高低直接影响传输距离或中继站间隔距离的远近。光纤的损耗因素主要有吸收损耗、散射损耗和其他损耗。

4）光纤的模式带宽。通常用光纤传输信号的速率与其传输长度的乘积来描述光纤的带宽特性，用 BL 表示，单位为 GHz·km 或 MHz·km。

5）光纤的色散。光纤的色散分为模式色散、材料色散和波导色散。3 种色散的大小顺序：模式色散>材料色散>波导色散。

模式色散又称模间色散或者多径色散。在多模光纤中，不同的模式传输路径不同，具有不同的轴向速度，因而同时发出的不同模式到达输出端的时间是不相同的，造成模式色散。

材料色散是由光纤材料自身特性造成的。石英玻璃的折射率对不同的传输波长有不同的值。光纤通信实际上用的光源发出的光，并不是只有理想的单一波长，而是有一定的波谱宽度。

波导色散是由光纤中的光波导引起的，由此产生的脉冲展宽现象叫作波导色散。

6）截止波长。截止波长指的是单模光纤通常存在某一波长，当所传输的光波长超过该波长时，光纤只能传播一种模式（基模）的光，而在该波长之下，光纤可传播多种模式（包含高阶模）的光。

7）光纤的其他性能。光纤的其他性能包括材料、光纤直径、光纤类型等。

4. 光缆

光缆是由单芯或多芯光纤构成的缆线，是数据传输中最有效的一种传输介质。光缆中传输的是光束，光束不受外界电磁干扰的影响，而且本身也不向外辐射信号，因此光缆在数据传输中有频带较宽、电磁绝缘性能好、衰减小的优点，适用于长距离的信息传输以及要求高度安全的场合。

（1）光缆的分类

按照传输性能、距离和用途的不同，光缆可分为用户光缆、市话光缆、长途光缆和海底光缆；按照光缆内使用光纤的种类不同，光缆可分为单模光缆和多模光缆；按照传输导体、介质状况的不同，光缆可分为无金属光缆、普通光缆、综合光缆（主要用于铁路专用网络通信线路）；按照敷设方式不同，光缆可分为管道光缆、直埋光缆、架空光缆和水底光缆。

（2）光缆的结构

光缆主要是由光导纤维（细如头发的玻璃丝）和塑料保护套管及塑料外皮构成的。光缆的基本结构如图 2-7 所示，一般由加强芯、光纤、填充复合物、内护套、加强件、包扎层、总护套等部分组成，另外根据需要还有防水层、缓冲层、绝缘金属导线等构件。

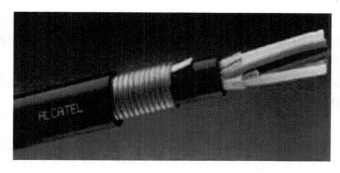
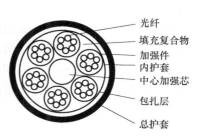

光纤
填充复合物
加强件
内护套
中心加强芯
包扎层
总护套

图 2-7　光缆的基本结构

（3）光缆的性能

光缆的传输特性取决于涂覆光纤。对光缆机械特性和环境特性的要求由使用条件确定。光缆的主要物理特性参数为拉力、压力、扭转、弯曲、冲击、振动和温度等。

2.2.2 配线设备

1. 配线架

配线架是综合布线中重要的组件，是实现配线系统交叉连接的枢纽。配线架通常安装在机柜或墙上，一般与理线架同时使用。通过安装附件，配线架可以满足 UTP、STP、同轴电缆、光纤、音视频线的布线需要。

在网络工程中常用的配线架有对绞线配线架和光纤配线架。对绞线配线架的作用是在管理子系统中将对绞线进行交叉连接，用在主配线间和各分配线间。对绞线配线架的型号很多，每个厂商都有自己的产品系列，并且对应超 5 类、6 类和 7 类线缆分别有不同的规格和型号。光纤配线架的作用是在管理子系统中将光缆进行连接，通常用在主配线间和各分配线间。

（1）对绞线配线架

配线架可划分为模块化配线架、110 配线架和智能配线架，如图 2-8 所示。模块化配线架采用模块化跳线（RJ45 跳线）进行线路连接，模块化跳线可方便地插拔，而交叉连接跳线则需要专用的压线工具将跳线压入 IDC 连接器的卡线夹中。110 型连接管理系统基本部件是配线架、连接块、跳线和标签。110 配线架是阻燃、注模塑料做的基本器件，布线系统中的电缆线对就端接在其上。

 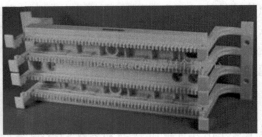

a) 模块化配线架   b) 110配线架

图 2-8 配线架

为了达到物理层的实时监控，智能布线系统在硬件及所支持软件的设计和应用上与普通综合布线系统有一定的区别。根据软硬件的工作原理不同，智能布线的设计在智能配线架部分可以分为单配线架及双配线架两种模式。

智能配线架与传统配线架不同的是其每个端口上都有 LED 指示灯。LED 指示灯为执行现场操作提供重要的依据，大大提高了现场操作的准确性和高效性。

（2）光纤配线架

图 2-9 所示为常见的光纤配线架。光纤配线设备的作用是在光缆完成端接后，可以直接将光纤连接器连接至设备接口，或者通过安装有光纤适配器的光纤配线设备完成与设备的连接。

图 2-9　光纤配线架

2. 连接器件

连接器件指用于连接电缆线对和光纤的一个器件或一组器件，综合布线连接器件多种多样，不同的综合布线系统、布线方式所使用的连接器件也不一致。按照综合布线所使用的传输介质来分类，主要有对绞线系统连接器件、光纤系统连接器件和同轴电缆连接器件。

（1）对绞线系统连接器件

对绞线系统最常见的连接器件是信息模块，用于对绞线与终端设备或网络连接设备的连接，主要有两种形式，一种是 RJ45，另一种是 RJ11。RJ45 信息模块一般用于工作区对绞线的端接，通常与跳线进行有效连接，如图 2-10 所示。其应用场合主要有端接到不同的面板（如信息面板出口）、安装到表面安装盒（如信息插座）、安装到模块化配线架中。屏蔽对绞线和非屏蔽对绞线的端接方式相同，都利用信息模块上的接线块来连接对绞线，RJ45 信息模块与对绞线端接有 T568A 或 T568B 两种结构。在 T568A 中，与之相连的 8 根线分别定义为：白绿、绿；白橙、蓝；白蓝、橙；白棕、棕；在 T568B 中，与之相连的 8 根线分别定义为：白橙、橙；白绿、蓝；白蓝、绿；白棕、棕。两种国际标准并没有本质的区别，只是颜色上的区别，制作连接线、插座、配线架等一般较多地使用 TIA/EIA-568-B 标准。

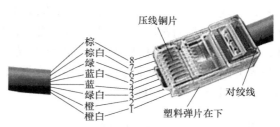

图 2-10　RJ45 信息模块及其连接方式

RJ11 信息模块主要用于语音电话系统，如图 2-11 所示。RJ11 插头在末端有 6 根铜线接头，由不同的颜色指示，通常只有 4 根铜线会被使用。4 根被使用的铜线通常由黑色、白色、红色和绿色指示。

（2）光纤系统连接器件

在光纤配线系统中，为了实现不同模块、设备和系统之间的灵活连接，需有一种能在光纤与光纤之间进行可拆卸连接的器件，使光信号能按所需的信道进行传输。光纤系统连接器件包括光纤连接器、光纤配线箱、光分路器、光开关、光电转换器、光缆交接箱。

光纤连接器是连接两根光纤或光缆使其成为光通路并可以重复拆装的活接头。光纤连接器的种类繁多，目前主流品种有 FC 型（螺纹连接方式）、SC 型（直插式）和 ST 型（卡扣式）3 种类型，如图 2-12 所示。FC 型连接器主要用于干线子系统；随着光纤局域网的发展，SC 型连接器也将逐步推广使用；ST 型连接器主要作为单光纤连接器，用于光纤接入网。图 2-12a 所示为光纤纤尾头，图 2-12b 所示为光纤耦合器，不同的纤尾头对应有不同的光纤耦合器。

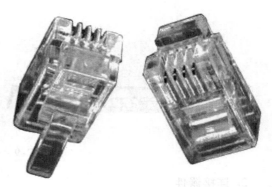

图 2-11　RJ11 信息模块

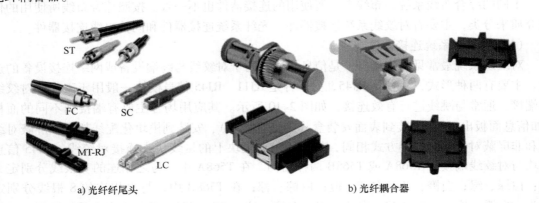

a) 光纤纤尾头

b) 光纤耦合器

图 2-12　光纤连接器

光纤配线箱适用于光缆与光通信设备的配线连接，通过配线箱内的适配器，用光跳线引出光信号，实现光配线功能。光纤配线箱如图 2-13 所示。

光分路器是光纤链路中重要的无源器件之一，是具有多个输入端和多个输出端的光纤汇接器件，如图 2-14 所示，用于实现将光网络系统中的光信号进行耦合、分支和分配。从功能上可将光分路器分为光功率分配耦合器及光波长分配耦合器，从端口形式上可分为 X 形耦合器、Y 形耦合器和星形耦合器。

图 2-13　光纤配线箱

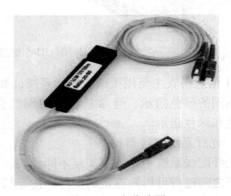

图 2-14　光分路器

光开关是一种具有一个或多个可选择的传输端口对光传输线路或集成光路中的光信号进行相互转换或逻辑操作的器件,如图 2-15 所示,可实现主/备光路切换,光纤、光器件的测试等。常见的光开关主要有喷墨气泡光开关、热光效应光开关、声光开关、液体光栅光开关。

光电转换器(又名光纤收发器)是一种将短距离的对绞线电信号和长距离的光信号进行互换的以太网传输媒体转换单元,如图 2-16 所示。它一般应用在以太网电缆无法覆盖,必须使用光纤来延长传输距离的实际网络环境中,且通常定位于宽带城域网的接入层应用,如监控安全工程的高清视频图像传输;同时在帮助把光纤最后 1km 线路连接到城域网和更外层的网络上也发挥了巨大的作用。

图 2-15　光开关

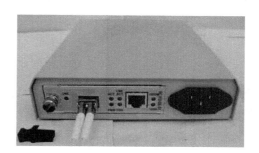

图 2-16　光电转换器

光缆交接箱如图 2-17 所示,一般放置在主干光缆上,用于光缆分支。它是一个无源设备,将大对数的光缆通过光缆交接箱后,分为不同方向的几个小对数光缆。交接箱具有配线、熔接、贮纤、调纤功能,有顽强地抗野外环境的性能,并能抵受剧烈的气候变化和恶劣的工作环境,箱体密封性能良好,防护等级达 IP65 级要求。

(3)同轴电缆连接器件

同轴电缆分支器是常见的同轴电缆连接器件,它通常连接在分支线或干线中,如图 2-18 所示,由一个主输入端、一个主输出端以及若干个分支输出端构成,其中分支输出端只得到主路输入信号的一小部分,大部分信号仍沿主路输出,继续向后传输。分支器的主要技术指标有插入损耗、分支损耗、分支相互隔离度、反向隔离、阻抗(75Ω)。

图 2-17　光缆交接箱

图 2-18　分支器

3. 端接跳线

（1）RJ 跳线

RJ45 跳线如图 2-19 所示，主要由跳线线缆导体、RJ45 水晶头、保护套 3 部分组成。

（2）光纤跳线

光纤跳线是从设备到光纤布线链路的跳接线，如图 2-20 所示，有较厚的保护层，一般用于光纤配线架到交换机光口或光电转换器之间、光纤插座到计算机的连接。根据需要，光纤跳线两端的连接器可以是同类型的，也可以是不同类型的，其长度一般在 5m 之内。光纤跳线有单模和多模两类，单模光纤跳线一般用黄色表示，接头和保护套为蓝色；多模光纤跳线用橙色表示，也有的用灰色表示，接头和保护套为米色或者黑色。

图 2-19　RJ45 跳线

图 2-20　光纤跳线

4. 信息插座

（1）电缆信息插座

电缆信息插座有墙面型、地面型和桌面型如图 2-21 所示，由信息模块、面板与底盒组成。

图 2-21　电缆信息插座

信息模块与插面板是嵌套在一起的，埋在墙中的网线是通过信息模块与外部网线进行连接的，墙内部网线与信息模块是通过把网线的 8 条芯线按线序规定卡入信息模块的对应线槽中进行连接的。

（2）光纤信息插座

光纤信息插座如图 2-22 所示，按照接口不同分为 ST、SC、LC、MT-RJ 等几种类型。信息插座的规格有单孔、二孔、四孔、

图 2-22　光纤信息插座

多用户等。ST 型可通过编号方式保证光纤极性，SC 型为双工接头，在施工中对号入座就可以完全解决极性问题。

5. 机柜

网络机柜或机架主要作用是存放路由器、交换机、配线架等网络设备及配件，如图 2-23 所示，深度一般小于 800mm，宽度为 600mm 或 800mm。按机柜的材质分类，一般有铝型材的机柜、冷轧钢板的机柜和热轧钢板的机柜。机柜的结构根据设备的电气、机械性能和使用环境的要求进行物理设计，以保证其具有良好的刚度和强度，以及良好的电磁隔离、接地、噪声隔离、通风散热等性能，并保证设备稳定可靠地工作。

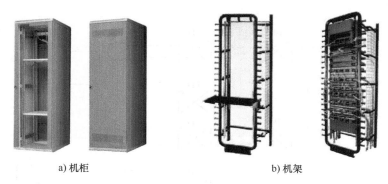

a) 机柜　　　　　　　　　　　　　　b) 机架

图 2-23　机柜与机架

机柜选择时要考虑以下因素：

1）物理要求：列出所有装在机柜内的设备和其完整的物理数据（高、长、宽、重量等）。

2）温度控制：机柜内部有良好的温度控制系统，可避免机柜内产品的过热或过冷，以确保设备的高效运作。机柜可选择全通风系列，在炎热环境下可安装独立空调系统，在严寒环境下可安装独立加热保温系统。

3）抗干扰及其他：一款功能齐备的机柜应提供各类门锁，并具有防尘、防水或电磁屏蔽等高度抗扰性能，同时应提供附件及安装配件支持，让布线更为方便，易于管理。

2.3　信道传输

无论是电信号还是光信号，都要通过信道才能从信源传送到信宿。从研究数据传输的观点来说，信道的范围除包括传输介质外，还包括发送设备、接收设备、调制解调器等。不同的传输介质有不同的传输特性和性能规范，它们不仅是综合布线系统测试的依据，也是设计综合布线系统时要考虑的重要指标。

2.3.1　信道传输概述

1. 信道的概念

信道（Channel）是连接两个应用设备的端到端的传输通道，是通信系统中必不可少的组成部分。对信道分类的方法很多，按照信道所采用传输介质的不同，可将信道分为有线信道和无线信道。有线信道是以有形的导线为传输介质的信道。无线信道的传输介质比较多，包括中长波地表波传播、超短波及微波视距传播（含卫星中继）、短波电离层反射、对流层散射、电离层散射、超短波超视距绕射、波导传播、光波视距传播等。

2. 综合布线信道的基本构成

综合布线系统的基本构成为建筑群子系统、干线子系统和配线子系统，如图 2-24 所示，包括建筑群配线设备（Campus Distributor，CD）、建筑物配线设备（Building Distributor，BD）、楼层配线设备（Floor Distributor，FD）、集合点（Consolidation Point，CP）、信息点（Telecommunications Outlet，TO）以及连接各配线设备的线路，其中配线子系统中可设置集合点也可不设置集合点。

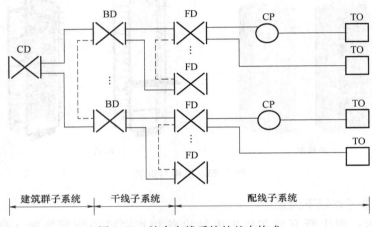

图 2-24　综合布线系统的基本构成

综合布线系统信道、永久链路、CP 链路构成模型如图 2-25 所示。永久链路是信息点与楼层配线设备之间的传输线路。它不包括工作区缆线和连接层配线设备的设备缆线、跳线，但可以包括一个 CP 链路。

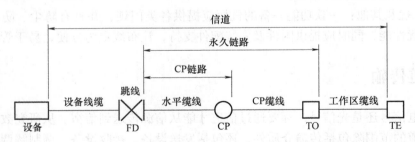

图 2-25　布线系统信道、永久链路、CP 链路构成模型

3. 光纤信道的构成方式

根据光纤信道 OF-300、OF-500 和 OF-2000 3 个等级，光纤信道有以下 3 种构成方式。

1）由水平光缆和主干光缆在楼层电信间的光纤配线设备经光纤跳线连接构成光纤信道，如图 2-26 所示。

2）由水平光缆和主干光缆在楼层电信间处经接续（熔接或机械连接）互通构成光纤信道，如图 2-27 所示。

3）由水平光缆经过电信间直接连接至大楼设备间光纤配线设备构成光纤信道，FD 安装于电信间，只作为光缆路经的场合，如图 2-28 所示。

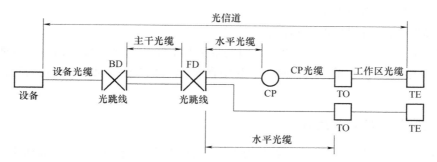

图 2-26　经光纤跳线连接的光纤信道构成

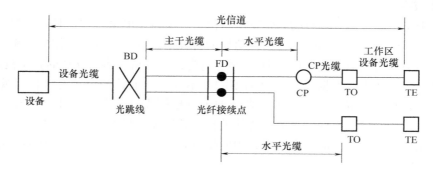

图 2-27　存在接续点的光纤信道构成

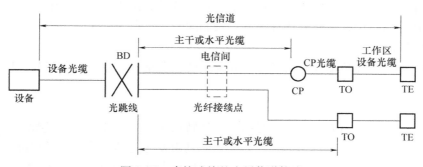

图 2-28　直接连接的光纤信道构成

4. 信道容量

信道容量可定义为：对于一个给定的信道环境，在传输差错率（即误码率）趋近于零的情况下，单位时间内可以传输的信息量。换句话说，信道容量是信道在单位时间里所能传输信息的最大速率，单位为比特/秒（bit/s）。

信息论中的香农（C. E. Shannon）公式给出了有扰模拟信道容量的计算公式：

$$C = B\log_2\left(1 + \frac{S}{N}\right) \tag{2-1}$$

式中，C 是信道支持的最大速率或者叫信道容量；B 是信道带宽；S 是平均信号功率；N 是平均噪声功率；S/N 即信噪比。香农定理是所有通信制式最基本的原理，它描述了有限带宽、有随机热噪声信道的最大传输速率与信道带宽、信噪比之间的关系。

由香农公式可得出以下结论：

1）提高信噪比，能增加信道容量。

2）当信道容量 C 一定时，可以用不同的带宽和信噪比组合来传输信息，说明为达到某个实际信息传输速率，在系统设计时可以利用香农公式中的互换原理，确定合适的系统带宽和信噪比。

2.3.2 数据传输的主要指标

为了测量传输介质的性能，通常采用的主要指标有带宽或吞吐率、传输速率、频带利用率、时延和波长等。

1. 带宽或吞吐率

带宽本来是指某个信号具有的频带宽度。由于一个特定的信号往往是由许多不同的频率成分组成的，因此一个信号的带宽是指该信号的各种不同频率成分所占据的频率范围。带宽是一个表征频率的物理量，其单位是 Hz。对于电缆，带宽指电缆所支持的频率范围。

对于光纤，带宽指标根据光纤类型的不同而不同。一般认为单模光纤的带宽是无极限的，多模光纤有确定的带宽极限。多模光纤的带宽根据光纤纤芯的大小和传输波长有所不同，纤芯越小光纤的带宽指标就越大，传输波长越长所能提供的带宽就越宽。

由于带宽代表数字信号的发送速率，因此带宽有时也称为吞吐率。吞吐率是对数据通过某一点的快慢的衡量。

2. 传输速率

传输速率是指单位时间内传送的信息量，它是衡量数据通信系统传输能力的主要指标之一。在数据传输系统中，定义有 3 种速率：调制速率、数据信号速率、数据传输速率。

3. 频带利用率

频带利用率是描述传输速率与带宽之间关系的一个指标，也是一个与数据传输效率有关的指标。

4. 时延

时延或延迟（Delay 或 Latency）是指一个比特或报文或分组从一个链路（或一个网络）的一个节点传输到另一个节点所需要的时间。时延由发送时延、传播时延和排队时延 3 部分组成。发送时延是发送数据所需要的时间，传播时延是电磁波在信道中传播所需要的时间，排队时延是数据在交换节点的缓存队列中排队等候发送所经历的时间。

5. 波长

波长是信号通过传输介质进行传输的另一个特征。波长是在一个周期中一个简单信号可以传输的距离。波长可由已知的传播速度与信号周期来计算：波长＝传播速度×周期。

2.4 综合布线系统设计

综合布线系统又称为结构化布线系统。它采用模块化结构，将整个系统分为既相互独立，又有机结合的 7 个模块，通常称为 7 个子系统。如图 2-29 所示，这 7 个子系统分别是工作区、配线子系统、干线子系统、设备间、进线间、建筑群子系统和管理子系统。

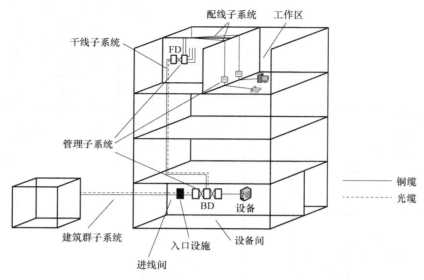

图 2-29　综合布线系统结构

在综合布线系统中，一个独立的、需要设置终端设备的区域称为一个工作区，指办公室、写字间、工作间、机房等需要电话、计算机等终端设施的区域。

配线子系统（水平子系统）应由工作区的信息插座模块、信息插座模块至电信间配线设备（FD）的配线电缆和光缆、电信间的配线设备及设备线缆和跳线等组成。

干线子系统由设备间至电信间的主干缆线、安装在设备间的建筑配线设备及设备缆线和跳线组成。它是智能化建筑综合布线系统的中枢部分，主要确定垂直路由的多少和位置、垂直部分和干线系统的连接方式。

设备间是在每栋建筑物的适当地点进行配线管理、网络管理和信息交换的场地。综合布线系统设备间宜安装建筑物配线设备、建筑群配线设备、以太网交换机、电话交换机、计算机网络设备。入口设施也可安装在设备间。

进线间是建筑物外部通信和信息管线的入口部位，并可作为入口设施和建筑群配线设备的安装场地。进线间主要作为室外电缆、光缆引入建筑物的成端或分支处，也是光缆做盘长的空间位置。

建筑群子系统是指由多幢相邻或不相邻的房屋建筑组成的小区或园区的建筑物间的布线系统。建筑群子系统由配线设备、建筑物之间的干线缆线、设备缆线和跳线等组成。

管理子系统应对工作区、设备间、进线间、布线路径环境中的配线设备、缆线、信息插座模块等设施按一定的模式进行标识、记录和管理，如建筑物名称、建筑物位置、区号、起始点和功能等标志。

设定某一小区建筑物如图 2-30 所示。该建筑群有三栋建筑，建筑物中各个配线设备如图中标注所示。

工程中，常常通过网络拓扑图分析工程案例。图 2-31 为图 2-30 的建筑物网络拓扑图，其中各个子系统分布如图中所示。图 2-32 为建筑物综合布线系统示意图，图中给出了不同

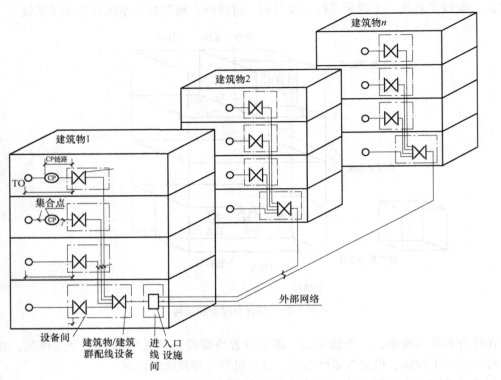

图 2-30　建筑物综合布线图

子系统的分布情况。建筑群子系统分布在 CD 与 BD 之间，或者是 BD 之间；垂直干线子系统分布在 BD 与 FD 之间，FD 到 TO 之间为水平配线子系统；BD 与 FD 的配线架一般设在设备间与电信间内，管理子系统一般主要集中在这里。

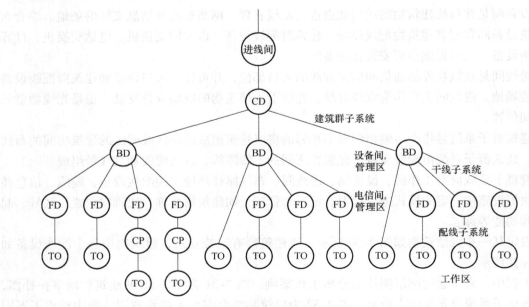

图 2-31　建筑物网络拓扑图

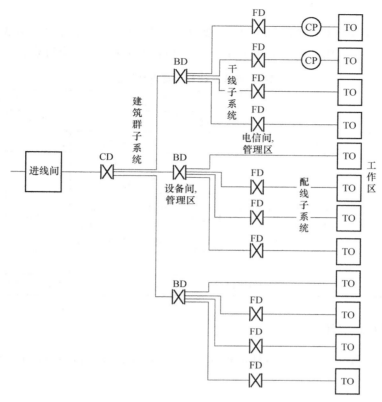

图 2-32　建筑物综合布线系统示意图

2.4.1　综合布线系统分级

综合布线系统工程的产品类别及链路、信道等级的确定，应综合考虑建筑物的性质、功能、应用网络和业务对传输带宽及缆线长度的要求、业务终端的类型、业务的需求及发展、性能价格、现场安装条件等因素。

1. 电缆布线的分级

综合布线电缆布线系统的分级与类别划分应符合表 2-2 的规定。

表 2-2　电缆布线系统的分级与类别

系统分级	系统产品类别	支持最高带宽/Hz	支持应用器件	
			电缆	连接硬件
A	—	100k	—	—
B	—	1M	—	—
C	3 类（大对数）	16M	3 类	3 类
D	5 类（屏蔽和非屏蔽）	100M	5 类	5 类
E	6 类（屏蔽和非屏蔽）	250M	6 类	6 类
EA	6A 类（屏蔽和非屏蔽）	500M	6A 类	6A 类
F	7 类（屏蔽）	600M	7 类	7 类
FA	7A 类（屏蔽）	1000M	7A 类	7A 类

注：5、6、6A、7、7A 类布线系统应能支持向下兼容的应用。

2. 光纤布线的分级

根据光纤信道 OF-300、OF-500 和 OF-2000 3 个等级，光纤布线也分为 3 个等级，各等级光纤信道应支持的应用长度不应小于 300m、500m 及 2000m，并应符合表 2-3 的规定。

表 2-3　布线系统等级与类别的选用

业务种类		配线子系统		干线子系统		建筑群子系统	
		等级	类别	等级	类别	等级	类别
语音		D/E	5/6（4 对）	C/D	3/5（大对数）	C	3（室外大对数）
数据	电缆	D、E、EA、F、FA	5、6、6A、7、7A（4 对）	E、EA、F、FA	6、6A、7、7A（4 对）	—	—
	光纤	OF-300 OF-500 OF-2000	OM1、OM2、OM3、OM4 多模光缆；OS1、OS2 单模光缆及相应等级连接器件	OF-300 OF-500 OF-2000	OM1、OM2、OM3、OM4 多模光缆；OS1、OS2 单模光缆及相应等级连接器件	OF-300 OF-500 OF-2000	OS1、OS2 单模光缆及相应等级连接器件
其他应用		可采用 5/6/6A（4 对）对绞电缆 OM1、OM2、OM3、OM4 多模，OS1、OS2 单模光缆及相应等级连接器件					

2.4.2　工作区子系统

工作区应由配线子系统的信息插座模块（TO）延伸到终端设备处的连接缆线及适配器组成，如图 2-33 所示。

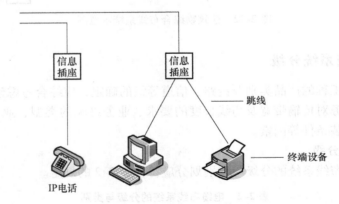

图 2-33　工作区子系统

目前建筑物的功能类型较多，大体上可以分为商业、文化、媒体、体育、医院、学校、交通、住宅、通用工业等类型，因此，对工作区面积的划分应根据应用的场合做具体的分析后确定。目前，公用建筑中商住办公楼以及一些自用办公楼将楼内部分楼层或区域出租给相关的公司或企业作为办公场所，而这些出租区域的使用面积、空间划分、区域功能等需求经常会随着租用者的变化而发生改变。

工作区面积需求也可参照表 2-4 执行。但对于应用场合，如终端设备的安装位置和数量无法确定时或彻底为大客户租用并考虑自行设置计算机网络时，工作区面积可按区域（租用场地）面积确定。

表 2-4 工作区面积划分表

建筑物类型及功能	工作区面积/m²
网管中心、呼叫中心、信息中心等终端设备较为密集的场地	3 ~ 5
办公区	5 ~ 10
会议、会展	10 ~ 60
商场、生产机房、娱乐场所	20 ~ 60
体育场馆、候机室、公共设施区	20 ~ 100
工业生产区	60 ~ 200

1. 信息插座的要求

1）每一个工作区信息插座模块（电、光）数量不宜少于 2 个，并满足各种业务的需求。

2）底盒数量应以插座盒面板设置的开口数来确定，每一个底盒支持安装的信息点数量不宜大于 2 个。

3）光纤信息插座模块安装的底盒大小应充分考虑到水平光缆（2 芯或 4 芯）终接处的光缆盘留空间和满足光缆对弯曲半径的要求。

4）工作区的信息插座模块应支持不同的终端设备接入，每一个通用 8 位插座模块应连接 1 根 4 对对绞电缆，对每一个双工或两个单工光纤连接器件及适配器连接 1 根 2 芯光缆。

5）从电信间至每一个工作区水平光缆宜按 2 芯光缆配置。

6）安装在地面上的信息插座应采用防水和抗压的接线盒。

7）安装在墙面或柱子上的信息插座的底部离地面的高度宜为 300 mm。

2. 跳接软线的要求

1）工作区连接信息插座和计算机间的跳接软线应小于 5m。

2）跳接软线可订购也可现场压接。一条链路需要两条跳线，一条从配线架跳接到交换设备，另一条从信息插座连到计算机。

3）现场压接跳线 RJ45 所需的数量。RJ45 头材料预算方式为

$$m = n \times 4 + n \times 4 \times 5\% \qquad (2\text{-}2)$$

式中，m 是 RJ45 的总需求量；n 是信息点的总量；$n \times 4 \times 5\%$ 是留有的富余量。当然，当语音链路需从水平数据配线架跳接到语音干线 110 配线架时，还需要 RJ45-110 跳接线。

3. 工作区适配器的选用

1）设备的连接插座应与连接电缆的插头匹配，不同的插座与插头之间应加装适配器。

2）在连接使用信号的数/模转换、光/电转换、数据传输速率转换等相应的装置时，采用适配器。

3）对于网络规程的兼容，采用协议转换适配器。

2.4.3 配线子系统

一般来说，配线子系统为布线系统的永久链路部分，缆线敷设应采用隐蔽方式的情况较多，安装完毕后，不宜产生变更，应以远期需要为主；垂直干线子系统的缆线安装环境多为弱电竖井，数量较少、施工方便，应以近期实用为主。

配线子系统的设计涉及水平布线系统的网络拓扑结构、布线路由、管槽的设计、缆线类型的选择、缆线长度的确定、缆线布放和设备的配置等内容，它们既相对独立又密切相关，在设计中要考虑相互间的配合。配线子系统应根据工程提出的近期和远期终端设备的设置要求、用户性质、网络构成及实际需要确定建筑物各层需要安装信息插座模块的数量及位置，配线应留有发展余地。

配线子系统通常采用星形网络拓扑结构，它以楼层配线架（FD）为主节点，各工作区信息插座为分节点，二者之间采用独立的线路相互连接，形成以 FD 为中心向工作区信息插座辐射的星形网络。通常用对绞线敷设水平布线系统，此时水平布线子系统的最大长度为90m。这种结构的线路长度较短，工程造价低，维护方便，保障了通信质量。

1. 配线子系统路由设计

配线管槽系统是综合布线系统的基础设施之一，对于新建建筑物，要求与建筑设计和施工同步进行。电信间 FD（设备间 BD、进线间 CD）处，通信缆线和计算机网络设备与配线设备之间的连接方式应符合下列规定。

1）在 FD、BD、CD 处，电话交换系统配线设备模块之间宜采用跳线互相连接，如图 2-34 所示。

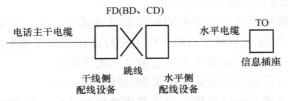

图 2-34　电话交换系统中缆线与配线设备间连接方式

2）在 FD、BD、CD 处，计算机网络设备与配线设备模块之间宜经跳线交叉连接，如图 2-35a 所示。

3）在 FD、BD、CD 处，计算机网络设备与配线设备模块之间可经设备缆线互连，如图 2-35b 所示。

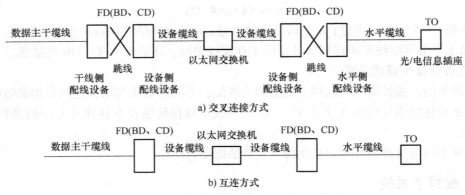

图 2-35　计算机网络设备与配线设备间连接方式

2. 配线子系统缆线设计

配线子系统的缆线要依据建筑物信息系统的类型、容量、带宽或传输速率来确定。

（1）缆线类型选择

水平子系统中采用的线缆有对绞电缆、多模光纤、单模光纤。在水平子系统中，也可以使用混合电缆。采用对绞电缆时，根据需要可选用非屏蔽对绞电缆或屏蔽对绞电缆。在一些特殊应用场合，可选用阻燃、低烟、无毒等缆线。

（2）缆线长度规定

水平缆线是指从楼层配线架到信息插座间的固定布线，一般采用100Ω对绞电缆。水平电缆最大长度为90m，配线架跳接至交换设备、信息模块跳接至计算机的跳线总长度不超过10m，通信通道总长度不超过100m。在信息点比较集中的区域，如一些较大的房间，可以在楼层配线架与信息插座之间设置集合点（CP最多转接一次），但整个水平电缆最长90m的传输特性保持不变。其他缆线长度要符合表2-5中的规定。

表2-5　配线子系统缆线长度

连 接 模 型	最小长度/m	最大长度/m
FD-CP	15	85
CP-TO	5	—
FD-TO（无CP）	15	90
工作区设备缆线	2	5
跳线	2	—
FD设备缆线	2	5
设备缆线与跳线总长度	—	10

（3）线缆长度计算

按照以下步骤计算配线子系统线缆长度。

1）确定布线方法和走向；

2）确立每个楼层配线间所要服务的区域；

3）确认离楼层配线间距离最远的信息插座位置；

4）确认离楼层配线间距离最近的信息插座位置；

5）用平均电缆长度估算电缆长度：

单根电缆长度=平均电缆长度+备用部分（平均电缆长度的10%）+端接容余6m

每个楼层用线量的计算公式为

$$C = [0.55(L+S)+6] \times n \tag{2-3}$$

式中，C是每个楼层的用线量；L是服务区域内信息插座至配线间的最远距离；S是服务区域内信息插座至配线间的最近距离；n是每层楼的信息插座的数量。

整座楼的用线量：

$$W = \sum MC \quad (M为楼层数) \tag{2-4}$$

3. 开放型办公室配线子系统设计

有些楼层房间面积较大，而且房间办公用具布局经常变动，墙（地）面又不易安装信息插座。为了解决这一问题，可以采用大开间办公环境附加水平布线惯例。大开间是指由办公用具或可移动的隔断代替建筑墙面构成的分隔式办公环境。在这种开放型办公室中，将线缆和相关的连接件配合使用，就会有很大的灵活性，节省安装时间和费用。开放型办公室布线系统设计方案有两种：多用户信息插座设计方案、集合点设计方案。开放型办公室布线系统对配线设备的选用及电缆长度的要求不同于一般的综合布线系统。

（1）多用户信息插座设计方案

多用户信息插座（Multiuser Information Outlet，MIO）设计方案就是将多个多种信息模块组合在一起安装在吊顶内，然后用接插线沿隔断、墙壁或墙柱而下，接到终端设备上。混合电缆和多用户信息插座结合使用就是其中的一种。水平布线可用混合电缆，从配线间引出，走吊顶辐射到各个大开间，每个大开间再根据需求采用厚壁管或薄壁金属管，从房间的墙壁内或墙柱内将线缆引至接线盒，与组合式信息插座相连接。

（2）集合点（CP）设计方案

集合点是水平布线中的一个互连点，它将水平布线延长至单独的工作区。和多用户信息插座一样，集合点应安装在可接近的且永久的地点，如建筑物内的柱子上或固定的墙上，尽量紧靠办公用具。采用集合点（CP）时，集合点配线设备与FD之间水平缆线的长度不应小于15m。

2.4.4　干线子系统

干线子系统提供了建筑物干线电缆的路由，如图2-36所示，通常是在电信间、设备间两个单元之间。该子系统由所有的布线导线以及将此导线连到其他地方的相关支撑硬件组合而成。

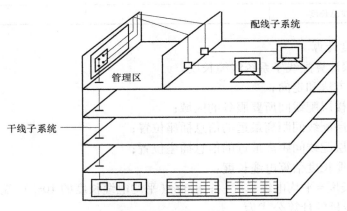

图 2-36　干线子系统

1. 干线子系统设计基本要求

干线子系统所需要的对绞电缆根数、大对数电缆总对数及光缆光纤总芯数应该满足工程的实际需求与缆线的规格，并应留有备份容量。干线子系统主干缆线宜设置电缆或光缆备份及电缆与光缆互为备份的路由。当电话交换机和计算机设备设置在建筑物内不同的设备间时，宜采用不同的主干缆线来分别满足语音和数据的需要。

设备间配线设备（BD）所需的容量要求及配置应符合下列规定：

1）主干缆线侧的配线设备容量应与主干缆线的容量相一致。

2）设备侧的配线设备容量应与设备用的光、电主干端口容量相一致或与干线侧配线设备容量相同。

3）外线侧的配线设备容量应该满足引入缆线的容量需求。

2. 干线子系统线缆设计

可根据建筑物的楼层面积、建筑物的高度、建筑物的用途和信息点数量来选择干线子系统的线缆类型。在干线子系统中可采用对绞电缆、多模光缆、单模光缆。

（1）线缆长度规定

干线子系统信道应包括主干缆线、跳线和设备缆线，如图 2-37 所示。干线子系统信道长度计算方法应符合附录表 1 的规定。

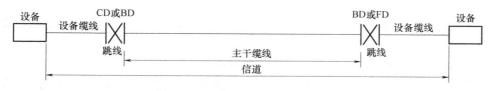

图 2-37　干线子系统信道连接方法

（2）主干电缆和光缆所需的容量要求及配置

对于语音业务，大对数主干电缆应按每一个语音信息点（8 位模块）配置 1 对线。当语音信息点（8 位模块）通用插座连接 ISDN（综合业务数字网络）用户终端设备，并采用 S 接口（4 线接口）时，相应的主干电缆应按 2 对线配置，并在总需求线对的基础上至少预留 10%的备用线对。

对于数据业务，主干缆线配置应符合下列规定：

最小量配置，宜按集线器（HUB）或交换机（SW）群（宜按 4 个 HUB 或 SW 组群）设置一个主干端口，每一个主干端口宜考虑一个备份端口。

最大量配置，按每个集线器（HUB）或交换机（SW）设置一个主干端口，每 4 个主干端口宜考虑一个备份端口。当主干端口为电接口时，每个主干端口应按 4 对线容量配置。当主干端口为光接口时，每个主干端口应按 2 芯光纤容量配置。

2.4.5　设备间子系统

设备间子系统的作用是把公共系统的各种不同设备互连起来并通过垂直干线子系统连接至管理子系统。设备间子系统由设备间的设备（如网络交换机、路由器、电话交换机）、安装的电缆、连接器和有关的支撑硬件组成，其中包括邮电部门的光缆、同轴电缆、程控交换机等。设备间除一般意义上的建筑物设备间和建筑群设备间外，还包括楼层电信间（又称为楼层设备间、楼层配线间、弱电间）。设备间主要为安装楼层配线设备（为机柜、机架、机箱等安装方式）和楼层计算机网络设备的场地，并可考虑在该场地设置线缆竖井、等电位接地体、电源插座、UPS 配电箱等设施。在场地面积满足的情况下，也可设置诸如安防、消防、建筑设备监控、无线信号覆盖等系统。

1. 楼层电信间的基本设计要求

1）电信间数量应按所服务楼层面积及工作区信息点密度与数量确定。

2）同楼层信息点数量不大于 400 个时，宜设置 1 个电信间；当楼层信息点数量大于 400 个时，宜设置 2 个或 2 个以上电信间。

3）楼层信息点数量较少，且水平缆线长度在 90m 范围内时，可多个楼层合设一个电信间。

4）电信间应提供不少于 2 个 220V 带保护接地的单相电源插座，但不作为设备供电电源。

5）电信间应采用外开丙级防火门，门宽大于 0.9m。电信间内温度应为 10~35℃，相对湿度宜为 20%~80%。如果安装信息网络设备时，应符合相应的设计要求。

6）电信间应与强电间分开设置，电信间内或其紧邻处应设置线缆竖井。电信间的使用面积不应小于 5m²，也可根据工程中配线设备和网络设备的容量进行调整。

2. 设备间设计要求

1）设备间宜处于干线子系统的中间位置，并考虑主干缆线的传输距离、敷设路由与数量。

2）设备间宜靠近建筑物布放主干缆线的竖井位置。

3）设备间宜设在建筑物的首层或楼上层。当地下室为多层时，也可设在地下一层。每幢建筑物内应至少设置 1 个设备间，如果电话交换机与计算机网络设备分别安装在不同的场地或根据安全需要，也可设置 2 个或 2 个以上设备间，以满足不同业务的设备安装需要。当综合布线系统设备间与建筑内信息接入机房、信息网络机房、用户电话交换机房、智能化总控室等合设时，房屋使用空间应做分隔。

4）设备间应远离供电变压器、发动机和发电机、X 射线设备、无线射频或雷达发射机等设备以及有电磁干扰源存在的场所。

5）设备间应远离粉尘、油烟、有害气体，以及存有腐蚀性、易燃、易爆物品的场所。

6）设备间不应设置在厕所、浴室，或其他潮湿、易积水区域的正下方或毗邻的场所。

7）设备间室内温度应该保持在 10~35℃，相对湿度应保持在 20%~80% 之间，应采取满足设备可靠运行要求的对应措施。

8）设备间内梁下净高不应小于 2.5m。

9）设备间应采用外开双扇防火门，房门净高不应小于 2.0m，净宽不应小于 1.5m。

10）设备间的水泥地面应高出本层地面不小于 100mm 或设置防水门槛。

11）设备间室内地面应具有防潮措施。

12）设备间内的空间应满足布线系统配线设备的安装需要，其使用面积不应小于 10m²。当设备间内需要安装其他信息系统设备机柜或光纤到用户单元通信设施机柜时，应增加使用面积。

13）当信息通信设施与配线设备分别设置时，考虑到设备电缆有长度限制的要求，安装总配线架的设备间与安装电话交换机及计算机主机的设备间之间的距离不宜太远。如果一个设备间以 10m² 计，大约能安装 5 个 19in（英寸）的机柜。在机柜中安装电话大对数电缆110 配线设备、数据主干线缆配线设备模块，大约能支持总量为 6000 个信息点（其中电话和数据信息点各占 50%）所需的建筑物配线设备安装空间。设备间的面积确定需要考虑机柜尺寸因素。

2.4.6 进线间子系统

随着信息与通信业务的发展，进线间的作用越来越显得重要，进线间位置如图 2-38所示。

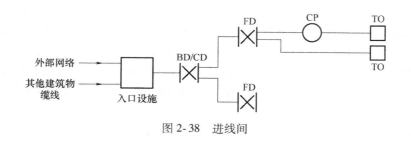

图 2-38　进线间

1. 进线间及入口设施基本要求

建筑群主干电缆和光缆以及公用网和专用网电缆、光缆等室外缆线进入建筑物时，应在进线间由器件成端转换成室内电缆、光缆。缆线的终接处设置的入口设施外线侧配线模块应按出入的电、光缆容量配置。

综合布线系统和电信业务经营者设置的入口设施内线侧配线模块应与建筑物配线设备（BD）或建筑物配线设备（CD）之间敷设的缆线类型和容量相匹配。

进线间的缆线引入管管道孔数量应满足建筑物之间、外部接入各类信息通信业务、建筑智能化业务及多家电信业务经营者缆线接入的需求，并应留有不少于 4 孔的余量。

进线间内应设置管道入口，入口的尺寸应该满足不少于 3 家电信业务经营者通信业务接入及建筑群布线系统和其他弱电子系统的引入管管道孔容量的需求。

在单栋建筑物或由连体的多栋建筑物构成的建筑群体内应设置不少于 1 个进线间。

进线间应满足室外引入缆线的敷设与成端位置及数量、缆线的盘长空间和缆线的弯曲半径等要求。进线间面积不宜小于 10m²。

进线间宜设置在建筑物地下一层临近外墙、便于管线引入的位置，其设计应符合下列规定：

1）管道入口位置应与引入管高度相对应。

2）进线间应防止渗水，宜在室内设置排水地沟并与附近设有抽排水装置的集水坑相连。

3）进线间应与电信业务经营者的通信机房、建筑物内配线系统设备间、信息接入机房、信息网络机房、用户电话交换机房、智能化总控室等及垂直弱电竖井之间设置互通的管槽。

4）进线间应采用相应防火级别的外开防火门，门净高不应小于 2.0m，净宽不应小于 0.9m。

5）进线间宜采用轴流式通风机通风，排风量应按每小时不小于 5 次换气次数计算。

6）综合布线系统进线间不应与数据中心使用的进线间合设，建筑物内各进线间之间应设置互通的管槽。

2. 用户接入点设置

光纤用户接入点的位置依据不同类型的建筑形成的配线区以及所辖的用户数确定。当单栋建筑物作为 1 个独立配线区时，用户接入点应设于设备间或机房内；当大型建筑物划分为多个光纤配线区时，用户接入点应均匀设于不同区域设备间；当多栋建筑物形成 1 个配线区时，用户接入点应设于中心机房。

假设某一建筑物的大部分楼层或整体作为出租性质的办公楼。以建筑物楼层的 1 个柱跨度涵盖的面积作为 1 个用户单元占有的区域，如柱跨度 10m×10m，则涵盖的范围大约可为100m²。再以 1 个光纤配线区可以容纳 300 个用户单元测算，1 个光纤配线区可以覆盖的建筑面积大约为 30000m²，共 30 层楼。按以上建筑每一层为案例，如果每一层用户单元占有的建筑面积为 1000m²，每 100m² 作为一个用户单元的区域，则每层共有 10 个用户单元。以此说明器件的配置思路。

1）用户单元信息配线箱：每一个用户单元配置 1 个，每层共需要 10 个。

2）用户光缆：

① 每一个用户单元设置 1 根 2 芯光缆（低配置）或 2 根 2 芯光缆（高配置）。

② 用户单元信息配线箱至楼层光纤配线箱之间的水平用户光缆为每层 10 根或 20 根 2 芯光缆。

③ 用户单元信息配线箱至建筑物用户接入点设备间配线设备之间的垂直用户光缆按照水平用户光缆光纤的总容量（20 芯或 40 芯）加上适量（如 10%）的光纤备份（取 2 芯或 4 芯）及光缆的规格配置，则每层需要 1 根 24 芯或 1 根 48 芯用户光缆。

3）楼层光缆配线箱：仅仅作为用户光纤熔接与盘留的场所，不具备跳线管理的功能，可以嵌壁或墙挂的方式安装在楼层的综合布线系统使用的电信间或弱电间内。每一个楼层光缆配线箱空间应满足 10 根或 20 根 2 芯用户光缆的引入和 1 根 24 芯或 1 根 48 芯用户光缆引出、光纤的熔接与盘留的需要。

4）设备间配线机柜（建筑物建设方使用）：

① 对一个建筑物应满足 30 根 24 芯或 48 芯用户光缆引入与盘留和 720 个或 1440 个光纤连接器尾纤的熔接安装的需要。

② 光纤配线架（如每一个光纤配线架采用 24 个 SC 或 48 个 LC 光纤适配器）：考虑到每一个用户单元与电信业务经营者提供的 EPON 系统之间实际需要通过 1 芯光纤完成互通的情况，光纤配线机柜一共需要安装 15 个 24 个 SC 端口或 8 个 48 个 LC 端口的光纤配线架。当用户单元需要接入不同电信业务经营者提供的业务时，则需要通过 2 芯光纤实现对 2 个电信业务经营者的互通，此时的光纤端口数量应满足工程要求。

假设有一栋 100 层，高度为 500m，建筑面积为 150000m² 的超高层建筑物。其中第 11 层到第 40 层（30 层）作为出租性质的房屋，需要提供"光纤用户单元"的功能。如每一层的建筑面积为 1500m²，每一个用户单元为 60m²，则每一层有 25 个用户单元；按照约 300 个用户单元设置 1 个光纤配线区（用户接入点），该建筑需要设置 3 个光纤配线区（用户接入点），每 10 个楼层设置 1 个共用楼层设备间（可在 15 层、25 层、35 层分别设置）。设于建筑物楼层的光纤到用户单元系统设备间为多家电信业务经营者共同使用。

当单栋建筑物规模不大或用户单元的容量达不到 1 个光纤配线区去容纳的用户数量时，可由多个单栋的建筑物的用户单元区域组成 1 个光纤配线区。此时，用户接入点可以设置在物业管理中心机房，或建筑群中心位置的某一栋建筑物综合布线系统设备间，为了便于运维并保障通信的安全畅通，应分割出一个独立的空间安装光纤配线设备，也可以安装在通信业务机房内。

在上述情况下，用户光缆会有一部分敷设在园区的地下通信管道中，用户接入点引出的室外用户光缆通过地下通信管道引入至每一栋建筑物进线间或设备间的光缆配线箱，在此处只对用户光缆做成端或接续。

2.4.7 管理子系统

综合布线系统管理子系统是针对设备间、电信间和工作区的配线设备及缆线等设施，按一定的模式进行标识和记录，内容包括管理方式、标识、色标、连接等。这些内容的实施将给今后维护和管理带来更大的方便，有利于提高管理水平和工作效率。特别是信息点数量较大和系统架构较为复杂的综合布线系统工程，如采用计算机进行管理，其效果将十分明显。

采用色标区分干线缆线、配线缆线或设备端口等综合布线的各种配线设备种类。同时，还应采用标签表明终接区域、物理位置、编号、容量、规格等，以便维护人员在现场一目了然地加以识别。

对于管理子系统和设备子系统中配线架的管理，由于建筑类型、用途和规模的不同，可以采用单点管理单系统、单点管理双系统、双点管理双系统的方式。

综合布线系统应有良好的标记系统，如建筑物名称、建筑物位置、区号、起始点和功能等标志。对设备间、电信间、进线间和工作区的配线设备、缆线、信息点等设施，应按一定的模式进行标识和记录，并应符合下列规定。

1）综合布线系统工程宜采用计算机进行文档记录与保存，简单且规模较小的综合布线系统工程可按图样资料等纸质文档进行管理。文档应做到记录准确、及时更新、便于查阅，文档资料应实现汉化。

2）综合布线的每一电缆、光缆、配线设备、终接点、接地装置、管线等组成部分均应给定唯一的标识符，并应设置标签。标识符应采用统一数量的字母和数字等标明。

3）电缆和光缆的两端均应标明相同的标识符。综合布线系统使用的标签可采用粘贴型和插入型。缆线的两端应采用不易脱落和磨损的不干胶条标明相同的编号。

4）设备间、电信间、进线间的配线设备宜采用统一的色标区别各类业务与用途的配线区。

5）综合布线系统工程应制定系统测试的记录文档内容。测试的记录文档内容可包括测试指标参数、测试方法、测试设备类型和制造商、测试设备编号和校准状态、采用的软件版本、测试线缆适配器的详细信息（类型和制造商、相关性能指标）、测试日期、测试相关的环境条件及环境温度等。

智能配线设备目前应用的技术有多种，在工程设计中应考虑到系统设备的功能、容量与配置、管理范围与模式、组网方式、管理软件、安装方式、工程投资等诸多方面的因素，合理地加以选用。综合布线系统工程规模较大以及用户有较高布线系统维护水平和网络安全的需要时，宜采用智能配线系统对配线设备的端口进行实时管理，显示和记录配线设备的连接、使用及变更状况，并应具有下列基本功能。

1）实时智能化管理与监测布线跳线连接通断及端口变更状态；

2）以图形化显示为界面，浏览所有被管理的布线部位；

3）管理软件提供数据库检索功能；

4）用户远程登录对系统进行远程管理；

5）管理软件对非授权操作或链路意外中断提供实时报警。

2.4.8 建筑群子系统

建筑群子系统应由连接多个建筑物之间的主干电缆和光缆、建筑群配线设备及设备缆线和跳线组成。建筑群干线子系统的线路设施主要在户外，工程范围大，易受外界条件的影响，较难控制施工，因此和其他子系统相比，应注意协调各方关系。

1. 建筑群干线子系统的设计要求

1）由于综合布线系统较多采用有线通信方式，一般通过建筑群子系统与公用通信网连成整体，从全网来看，建筑群子系统也是公用通信网的组成部分，它们的使用性质和技术性能基本一致。

2）当建筑群子系统的线缆在园区内敷设为公用管线设施时，其建设计划应纳入该小区的规划，具体分布应符合智能小区的远期发展规划要求（包括总平面布置），且与近期需要和现状相结合，尽量不与城市建设和有关部门的规定发生矛盾，使传输线路建设后能长期稳定、安全可靠地运行。

3）在已建或正在建的智能小区内，尽量设法利用已有地下电缆管道或架空通信线路，避免重复建设，节省工程投资。

4）建筑群配线设备（CD）的容量应与各建筑物引入的建筑群主干缆线容量一致。

2. 建筑群干线子系统的设计步骤

1）确定敷设现场的特点；

2）确定电缆系统的一般参数；

3）确定建筑物的电缆入口；

4）确定明显障碍物的位置；

5）确定主电缆路由和备用电缆路由；

6）选择所需电缆类型和规格；

7）确定每种选择方案所需的劳务成本；

8）确定每种选择方案所需的材料成本；

9）选择最经济、最实用的设计方案。

2.5 光纤配线系统

由于用户对信息与通信业务的多样化及带宽的需求，数据与图像业务呈现出了指数型的增长。光纤应用技术、光纤通信传输网络作为未来发展的趋势，将会逐渐覆盖与渗透到各个领域。

光通信作为信息传输的应用技术，具有高带宽、低衰减、抗电磁和射频干扰、高保密性、体积小、重量轻、绿色环保等优点，光通信系统也由原来的电信和长距离传输向楼宇、传感、监控等智能化技术方面扩展，越来越多的智能楼宇、园区、工矿企业和住宅小区建设选择光纤布线系统。

光纤配线系统包含了位于信息通信的中心（也可以为电信运营商的接入点）和终端设备光信息输出端口之间的所有光缆、光纤跳线、设备光缆、光连接器件和敷设的管道及安装配线设备的场地。对于不同的项目与建筑物，其构架和包括的线缆及配线器件、设备安装场地会各不相同。

光纤到用户单元通信设施作为基础设施，工程建设由电信业务经营者与建筑建设方共同承担。为了保障通信设施工程质量，由建筑建设方承担的通信设施工程建设部分，在工程建设前期应与土建工程统一规划、设计，在施工、验收阶段做到同步实施，以避免多次施工对建筑和用户造成影响。

2.5.1 光纤到用户单元通信设施设计要求

在公用电信网络已实现光纤传输的地区，建筑物内设置用户单元时，通信设施工程必须采用光纤到户单元的方式建设。光纤到用户单元通信设施工程的设计必须满足多家电信业务经营者平等接入、用户单元内的通信业务使用者可自由选择电信业务经营者的要求。

新建光纤到用户单元通信设施工程的地下通信管道、配线管网、电信间、设备间等通信设施，必须与建筑工程同步建设。地下通信管道的设计应与建筑群及园区其他设施的地下管线进行整体布局，并应符合下列规定：

1）应与光交接箱引上管相衔接。

2）应与公用通信网管道互通的人（手）孔相衔接。

3）应与电力管、热力管、燃气管、给排水管保持安全的距离。

4）应避开易受到强烈振动的地段。

5）应敷设在良好的地基上。

6）路由以建筑群设备间为中心向外辐射，应选择在人行道、人行道旁绿化带或车行道下。

7）地下通信管道的设计应符合现行国家标准《通信管道与通信工程设计规范》的有关规定。

2.5.2 光纤用户接入点设置

用户接入点应是光纤到用户单元工程特定的一个逻辑点，设置应符合下列规定：

1）每一个光纤配线区应设置一个用户接入点；

2）用户光缆和配线光缆应在用户接入点进行互连；

3）只有在用户接入点处可进行配线管理；

4）用户接入点处可设置光分路由器。

每一个光纤配线区所辖用户数量宜为70~300个用户单元。

光纤用户接入点的设置地点应依据不同类型的建筑形成的配线区以及所辖区的用户密度和数量确定，并应符合下列规定：

1）当单栋建筑物作为1个独立配线区时，用户接入点应设于本建筑物综合布线系统设备间或通信机房内，但电信业务经营者应有独立的设备安装空间，如图2-39所示。

2）当大型建筑物或超高层建筑物划分为多个光纤配线区时，用户接入点应按照用户单元的分布情况均匀地设于建筑物不同区域的楼层设备间内，如图2-40所示。

3）当多栋建筑物形成的建筑群组成1个配线区时，用户接入点应设于建筑群物业管理中心机房、综合布线设备间或通信机房内，但电信业务经营者应有独立的设备安装空间，如图2-41所示。

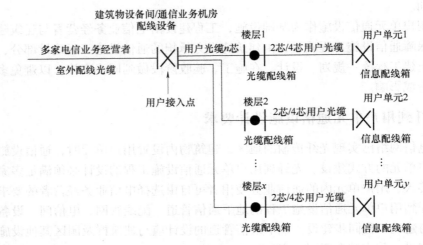

图 2-39　接入点设于设备间

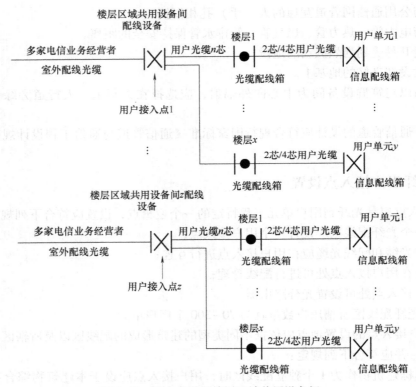

图 2-40　接入点设于楼层区域共用设备间

4）每一栋建筑物形成 1 个光纤配线区并且用户单元数量不大于 30 个（高配置）或 70 个（低配置）时，用户接入点应设于建筑物的进线间或综合布线设备间或通信机房内，用户接入点应采用设置共用光缆配线箱的方式，但电信业务经营者应有独立的设备安装空间，如图 2-42 所示。

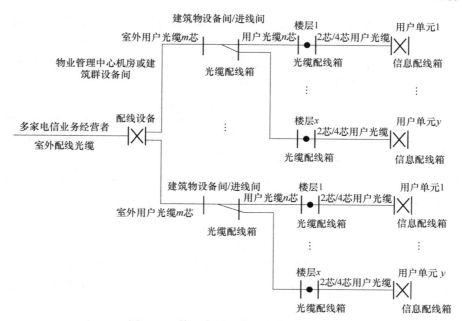

图 2-41 接入点设于物业机房或设备间

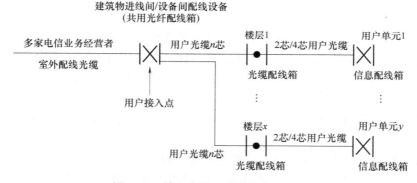

图 2-42 接入点设于进线间或设备间

2.5.3 系统配置要求

敷设配线光缆所需的室外通信管道管孔与室内管槽的容量、用户接入点处预留的配线设备安装空间及设备间的面积均应满足不少于 3 家电信业务经营者通信业务接入的需要。

光纤到用户单元所需的室外通信管道与室内配线管网的导管与槽盒应单独设置，管槽的总容量与类型应根据光缆敷设方式及终期容量确定，并应符合下列规定：

1）地下通信管道的管孔应根据敷设的光缆种类及数量选用，宜选用单孔管、单孔管内穿放子管及栅格式塑料管。

2）每一条光缆应单独占用多孔管中的一个管孔或单孔管内的一个子管。

3）地下通信管道宜预留不少于 3 个备用管孔。

4）配线管网导管与槽盒尺寸应满足敷设的配线光缆与用户光缆数量及管槽利用率的要求。

　　用户光缆采用的类型与光纤芯数应根据光缆敷设的位置、方式及所辖用户数计算，并应符合下列规定：

　　1）用户接入点至用户单元信息配线箱的光缆光纤芯数应根据用户单元用户对通信业务的需求及配置等级确定，配置应符合表2-6的规定。

表2-6　光纤与光缆配置

配　　置	光纤/芯	光缆/根	备　　注
高配置	2	2	考虑光纤与光缆的备份
低配置	2	1	考虑光纤的备份

　　2）楼层光缆配线箱至用户单元信息配线箱之间采用2芯光缆。

　　3）用户接入点配线设备至楼层光缆配线箱之间应采用单根多芯光缆，光纤容量应满足用户光缆总容量需要，并根据光缆的规格预留不少于10%的余量。

　　用户接入点外侧光纤模块类型与容量应按引入建筑物的配线光缆的类型及光缆的光纤芯数配置。每一个用户单元区域内应设置1个信息配线箱，并应安装在柱子或承重墙上不被变更的建筑物部位。

　　用户接入点至楼层光纤配线箱（分纤箱）之间、楼层光缆配线箱（分纤箱）至用户单元信息配线箱之间应采用室内用户光缆。

　　室内外光缆选择应符合下列规定：

　　1）室内光缆宜采用干式、非延燃外护层结构的光缆。

　　2）室外管道至室内的光缆宜采用干式、防潮层、非延燃外护层结构的室内外用光缆。

　　用户接入点应采用机柜或共用光缆配线箱的方式。用户单元信息配线箱的配置应符合下列规定：

　　1）配线箱应根据用户单元区域内信息点数量、引入缆线类型、缆线数量、业务功能需求选用。

　　2）配线箱箱体的尺寸应充分满足各种信息通信设备摆放、配线模块的安装、光缆终接与盘留、跳线连接、电源设备和接地端子板安装以及业务应用发展的需要。

　　3）配线箱的选用和安装位置应该满足室内用户无线信号覆盖的需求。

　　4）当超过50V的交流电压接入箱体内电源插座时，应采取强弱电安全隔离措施。

　　5）配线箱内应设置接地端子板，并应与楼层局部等电位端子板连接。

2.5.4　传输指标

　　用户接入点用户侧配线设备至用户单元信息配线箱的光纤链路全程衰减限值为

$$\beta = \alpha_f L_{max} + (N+2)\alpha_j \qquad (2-5)$$

式中，β 是用户接入点用户侧配线设备至用户单元信息配线箱光纤链路全程衰减（dB）；α_f 是光纤衰减常数（dB/km），在1310nm波长窗口时，采用G.652光纤时为0.36dB/km，采用G.657光纤时为0.38~0.4dB/km；L_{max} 是用户接入点用户侧配线设备至用户单元信息配线箱光纤链路最大长度（km）；N 是用户接入点用户侧配线设备至用户单元信息配线箱光纤链路中熔接的接头数量；2是光纤链路光纤终接数（用户光缆两端）；α_j 是光纤接头损耗系数，采用热熔接方式时为0.06dB/个，采用冷接方式时为0.1dB/个。

2.5.5 光纤配线应用技术

目前在宽带接入领域，光纤应用技术繁多，这些主流技术被电信运营商和各方用户广泛采纳。用户自建光纤配线系统项目中可以选用的主要技术与产品为 FTTx 全光网络、光纤+以太交换机解决方案、HFC 光纤同轴混合网络、SDH/MSTP 同步光纤传输网络。

根据光节点位置和最终的入户方案不同，FTTx 主要分为 FTTH、FTTB、FTTC 等多种应用类型，统称 FTTx。光纤+LAN 的解决方案是将光缆敷设至公共建筑，光纤进入大楼后就转换为对绞线分配到各用户，或直接通过光缆延伸至光信息端口。这种方案可支持大中型企业、大公司等对高速率宽带业务的应用，也可以满足建筑物内的大客户需要。HFC 网络广泛应用于有线电视网络，从热门的 IPTV 互联网协议电视来看，又以 IP 为基础，提供语音、视像、数据三网融合的业务，在这种情况下，交互式业务通信是必然趋势，而且也有很广的应用市场。目前在传送网络中大量采用同步数字体系技术（Synchronous Digital Hierarchy，SDH）设备，主要采用二纤或四纤光纤环形网络的保护方式。

2.6 综合布线工程案例

某三层教学楼采用光纤布线，用户接入点设于本建筑物一层的网络电话机房内，如图 2-43 所示。因教学楼每层建筑面积较大，每层均设置有 1~2 个电信间，电信间至教室或办公室的距离不超过 70m，水平配线子系统采用 6 类对绞线，敷设方式采用桥架明敷在教学楼走廊的吊顶内。设备间及进线间设置在一楼的总机房内，光纤接入及光分路器等设备均设置在该机房内。

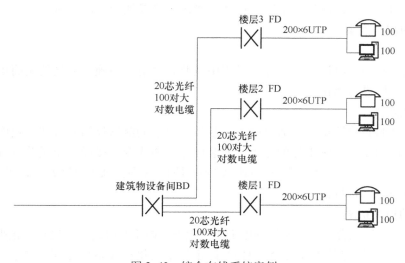

图 2-43 综合布线系统案例

每层设置了 200 个信息点，电话与计算机网络各占 50%，即各为 100 个信息点。

电话部分：

1）FD 水平侧配线模块按连接 100 根 4 对的水平电缆设置。

2）语音主干电缆的总对数按水平电缆总对数的 25% 计，为 100 对线的需求；如考虑

10%的备份线对，则语音主干电缆总对数需求量为110对。

3）FD干线侧配线模块可按卡接大对数主干电缆110对端子容量配置。

数据部分：

1）FD水平侧配线模块按连接100根4对的水平电缆配置；

2）数据主干缆线：通常以每1个SW位24个端口计，100个数据信息点需设置5个SW；以每一台SW（24个端口）设置1个主干端口，另加上1个备份端口，共需设置10个主干端口。如主干线缆采用4对对绞电缆，每个主干电端口按1根4对对绞电缆考虑，则共需10根4对对绞电缆；如主干缆线采用光缆，每个主干光端口按2芯光纤考虑，则光纤的需求量为20芯。

3）FD干线侧配线模块可根据主干4对对绞电缆或主干光缆的容量加以配置。

配置数量计算得出以后，再根据电缆、光缆、配线模块的类型、规格加以选用，做出合理配置。上述配置的基本思路，用于计算机网络的主干缆线可采用光缆；用于电话的主干缆线则采用大对数对绞电缆，并考虑适当的备份，以保证网络的安全。由于工程的实际情况比较复杂，设计时还应结合工程的特点和需求加以调整应用。

2.7 综合布线系统测试

2.7.1 测试概述

1. 测试内容

一般来说，综合布线系统的测试内容主要包括信息插座到楼层配线架的连通性测试、主干线的连通性测试、跳线测试、电缆通道性能测试、光缆通道性能测试。

2. 缆线的测试类型

（1）验证测试

验证测试又叫随工测试，是在施工过程中及验收之前，由施工人员使用简单仪器对完成的布线系统连通性进行测试。

（2）认证测试

认证测试又叫验收测试，是通过能够满足特定要求的测试仪器并按照一定的测试方法对缆线传输信道包括布线系统工程的施工、安装操作、缆线及连接硬件质量等方面按标准所要求的各项参数、指标进行逐项测试和比较判断是否达到某类或某级（如超5类、6类、D级）和国家或国际标准的要求。

3. 测试的相关标准

我国为统一建筑综合布线系统工程施工质量检查和竣工验收的技术要求，根据国际电子工业协会（EIA）和国际电信工业协会（TIA）制定的结构化布线系统标准，中华人民共和国住房和城乡建设部制定了中华人民共和国国家标准《综合布线系统工程验收规范》（GB/T 50312—2016）。

2.7.2 对绞线测试

综合布线系统中使用的对绞线主要用于配线子系统和跳线。一般对对绞线测试要求4对对绞电缆与配线架或信息插座的 8 位信息模块相连时，必须按色标和线对顺序进行卡接，在工程中应该使用同一类型的线缆、连接器及信息插座，并按照同一种线序（T568A 或 T568B）连接，不得混合使用。

综合布线系统的认证测试首先应确定测试方法和测试仪器型号，然后根据测试方法和测试对象将测试仪参数调整或校正为符合测试要求的数值，最后到现场逐项测试，并要做好相应的测试报告记录。

1. 测试模式

国家标准 GB/T 50312—2016 中的综合布线系统工程电气测试方法指出：超 5 类和 6 类布线系统按照永久链路和信道进行测试。

（1）永久链路测试

永久链路又称固定链路，适用于测试固定链路（水平电缆及相关连接器件）性能，链路连接应符合图 2-44 所示。

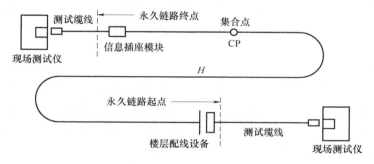

图 2-44　永久链路测试

永久链路连接方式由 90m 水平电缆和链路中相关接头（必要时增加一个可选的转接/汇接头）组成。与基本链路方式不同的是，永久链路不包括现场测试仪插接线和插头，以及两端 2m 测试电缆，电缆总长度为 90m，而基本链路包括两端的 2m 测试电缆，电缆总计长度为 94m。

（2）信道模式

信道连接模式是在永久链路连接模型的基础上，包括工作区和电信间的设备电缆和跳线在内的整体信道性能。信道连接应符合图 2-45 所示。

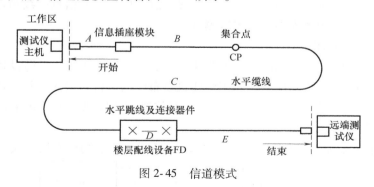

图 2-45　信道模式

2. 测试内容

国家标准 GB/T 50312—2016 指出 3 类、5 类对绞线链路的测试内容包括接线图、布线链路及信道长度、衰减和近端串音 4 项，超 5 类、6 类、7 类对绞线还应增加回波损耗、插入损耗、近端串音功率和、线对与线对之间的衰减串音比、线对与线对之间的衰减串音比功率和、线对与线对之间等电平远端串音、等电平远端串音功率和、直流环路电阻、传播时延、传播时延偏差等参数。

3. 对绞线认证测试报告

综合布线工程对绞线电气测试项目应根据布线信道或链路的设计等级和布线系统的类别要求制定，各项测试结果应有详细记录，作为竣工资料的一部分纳入文档管理。

2.7.3 光纤测试

光纤布线系统安装完成之后需要对链路传输特性进行测试，其中最主要的几个测试项目是链路的衰减特性、回波损耗、连接器的插入损耗等。衰减是光在沿光纤传输过程中光功率的减少；回波损耗又称为反射损耗，它是指在光纤连接处，后向反射光相对输入光的比率的分贝数，回波损耗越大越好，以减少反射光对光源和系统的影响；插入损耗是指光纤中的光信号通过活动连接器之后，其输出光功率相对输入光功率的比率的分贝数，插入损耗越小越好。

1. 测试内容

参照光纤系统相关测试标准规定，光纤测试可以分为两类：一类测试和二类测试。一类测试是将光纤链路两端分别连接光源与光功率计进行测试。二类测试也称为 OTDR 测试，它采用一端连接 OTDR 测试仪，另一端开路的方式，利用光源发送的光信号在链路中产生的反射信号进行衰减量、长度的计算，并生成 OTDR 曲线。

光纤布线系统性能测试应符合下列规定：

1）光纤布线系统每条光纤链路均应测试，信道或链路的衰减应符合规范规定，并应记录测试所得的光纤长度。

2）当 OM3、OM4 光纤应用于 10Gbit/s 及以上链路时，应使用发射和接收补偿光纤进行双向 OTDR 测试。

3）当光纤布线系统性能指标的检测结果不能满足设计要求时，宜通过 OTDR 测试曲线进行故障定位测试。

光纤到用户单元系统工程中，应检测用户接入点至用户单元信息配线箱之间的每一条光纤链路，衰减指标宜采用插入损耗法进行测试。

2. 光纤信道及链路测试

1）参考国际标准《光纤通信子系统基础测试程序》第 4-2 部分光缆设备、单模光纤的衰减（IEC 61280-4-2J）及《信息技术用户建筑物布缆的执行与操作》第 3 部分光纤布缆测试（IEC 14763-3）规定的测试方法和要求，光纤信道和链路测试方法可采用单跳线法、双跳线法和三跳线法。

① 单跳线测试方法：校准连接方式如图 2-46 所示，信道测试连接方式如图 2-47 所示。

图 2-46　单跳线测试校准连接方式

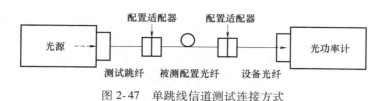

图 2-47 单跳线信道测试连接方式

② 双跳线测试方法：校准连接方式如图 2-48 所示，信道测试连接方式如图 2-49 所示。

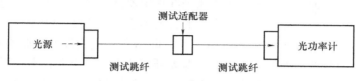

图 2-48 双跳线测试校准连接方式

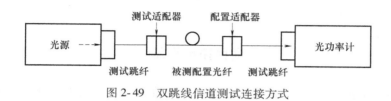

图 2-49 双跳线信道测试连接方式

③ 三跳线测试方法：校准连接方式如图 2-50 所示，链路和信道测试连接方式如图 2-51 所示。

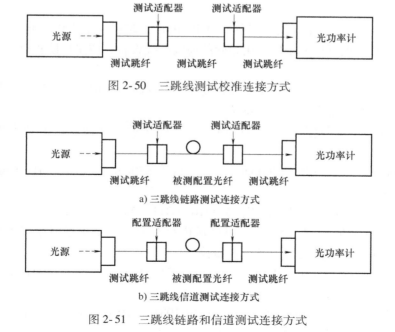

图 2-50 三跳线测试校准连接方式

a) 三跳线链路测试连接方式

b) 三跳线信道测试连接方式

图 2-51 三跳线链路和信道测试连接方式

2）光纤到用户单元工程中光纤链路测试要求：

在整个光纤接入网（范围为 2~5km）工程中，为准确验证 PON 技术的单芯光纤双向、波分复用的传输特性，光纤链路的下行与上行方向应分别采用 1550nm 和 1310nm 波长进行衰减指标测试。但是在光纤到用户单元工程中，大部分光纤链路只在几百米的范围之内，在保证工程质量的情况下，为了减少测试的工程量，对光纤链路仅提出单向（1310nm 波长）测试的要求，对要求较高的用户可选择双向波长测试。

典型场景下，光纤长度在 5km 以内，分光比应采用 1：64，最大全程衰减不大于 28dB。所指"光纤链路"只是体现无源光网络中光线路终端（OLT）至光网络终端（ONU）全程光纤链路的其中一段，即用户接入点用户侧光纤连接器件通过用户光缆至用户单元信息配线箱的光纤连接器件。一般情况下，用户光缆的长度不会超过 300~500m。

光纤链路中光纤熔接接头数量一般为 3 个，即用户光缆光纤两端带有尾纤的 2 个连接器，用户光缆路由中分纤箱处的 1 个用户光缆光纤接续点。如果存在室外用户光缆需引入建筑物的情况，在进线间入口设施部位还会出现 1 个光纤熔接点。需要说明的是，在光纤到用户单元工程中，光纤的接续与终接处推荐采用熔接的方式，机械（冷接）的连接方式只在维护检修时有可能被使用。

项目拓展训练

1. 某建筑群的综合布线区域内存在高于国家标准规定的干扰时，布线方式选择下列哪些措施符合国家标准规范要求？
   （A）宜采用非屏蔽缆线布线方式　　　　（B）宜采用屏蔽缆线布线方式
   （C）宜采用金属管线布线方式　　　　　（D）可采用光缆布线方式
   答案：BD
   出处：《综合布线系统工程设计规范》（GB 50311—2016）第 7.0.2 条。
   综合布线系统应根据环境条件选用相同的缆线配线设备，或采取防护措施，并应符合下列规定：
   当综合布线区域内存在的电磁干扰场强高于 3V/m 时，或用户对电磁兼容性有较高要求时，可采用屏蔽布线系统和光缆布线系统。

2. 对于建筑与建筑群综合布线系统指标之一的多模光纤波长，下列数据哪几项是正确的？
   （A）1310nm　　　　（B）1300nm　　　　（C）850nm　　　　（D）650nm
   答案：BC
   出处：《综合布线系统工程设计规范》（GB 50311—2016）表 C.0.2。

3. 当综合布线无保密等安全要求，且区域内存在的电磁干扰场强小于下列哪项数值时可采用非屏蔽线缆和非屏蔽配线设备进行布控？
   （A）3V/m　　　　（B）4V/m　　　　（C）5V/m　　　　（D）6V/m
   答案：A
   出处：《综合布线系统工程设计规范》（GB 50311—2016）第 7.0.2 条或《民用建筑电气设计规范》（JGJ 16—2008）第 21.7.1 条。
   综合布线区域内存在的电磁干扰场强度高于 3V/m 时，宜采用屏蔽布线系统进行防护。

4. 规范规定综合布线系统的配线子系统应当采用对绞线电缆时，其敷设长度不应小于下列哪项数值？

（A）70m　　　　　（B）80m　　　　　（C）90m　　　　　（D）100m

答案：C

出处：《综合布线系统工程设计规范》（GB 50311—2016）第 3.3.2 条。

5. 建筑与建筑群的综合布线系统基本配置设计中，用铜芯对绞电缆组网，在干线电缆的配置时，对计算机网络配置原则，下列表述中哪些是正确的？

（A）对语音业务，每一个电话 8 位模块通用插座配 1 对对绞线

（B）48 个信息插座 2 对对绞线

（C）每个集线器（HUB）2 对对绞线

（D）每个集线器（HUB）群 4 对对绞线

答案：AD

出处：《民用建筑电气设计规范》（JGJ 16—2008）第 21.3.7 条。

6. 按规范要求，综合布线建筑群子系统中多模光纤传输距离限值为下列哪项数值？

（A）100m　　　　　（B）500m　　　　　（C）300m　　　　　（D）2000m

答案：D

出处：《民用建筑电气设计规范》（JGJ 16—2008）第 21.3.3 条。

7. 某办公楼高 140m，地上 30 层，地下 3 层。其中，第 16 层为避难层；消防控制室和安防监控中心共用，设在首层，首层大厅高度为 9m，宽 30m，进深 15m；在第 2 层分别设计了计算机网络中心和程控交换机房；第 3~29 层为标准层，为大开间办公室，标准层面积为 2000m²/层，其中核心筒及公共走廊面积占 25%；在第 30 层有一多功能厅，长 25m，宽 19m，吊顶高度为 6m，为平吊顶，除多功能厅外，还有净办公面积 1125m²。在第 30 层设置综合布线系统，按净办公面积每 7.5m² 设置一个普通语音点，另外在多功能厅也设置 5 个语音点。语音主干电缆采用 3 类大对数铜缆，根据规范确定该层语音主干电缆的最低配置数量为下列哪项？请说明依据和理由。

（A）150 对　　　　　（B）175 对　　　　　（C）300 对　　　　　（D）400 对

答案：B

解答过程：依据《民用建筑电气设计规范》（JGJ 16—2008）第 21.3.7-1 条，（1125/7.5+5）×（1+10%）＝170.5，取 175 对，包括了 10% 的备用量。

8. 有一栋写字楼，地下一层，地上 10 层。其中，1~4 层布有裙房，每层建筑面积为 3000m²；5~10 层为标准办公层，每层面积为 2000m²。标准办公层每层公共区域面积占该层面积的 30%，其余为纯办公区域。该办公楼第 7 层由一家公司租用共设置了 270 个网络数据点，现采用 48 口的交换机，每台交换机（SW）设置一个主干端口，数据光纤按最大量配置，试计算光纤芯数，按规范要求应为下列哪项数值？

（A）8　　　　　（B）12　　　　　（C）14　　　　　（D）16

答案：D

解答过程：依据《民用建筑电气设计规范》（JGJ 16—2008）第 21.3.7-2 条。

最大量配置：按每个集线器（HUB）或交换机（SW）设置一个主干端口，每 4 个主干端口宜考虑一个备份端口。当主干端口为光接口时，每个主干端口应按 2 芯光纤容量配置。

主干端口数量：270÷48＝5.625，取 6 个；备用端口数量：6÷4＝1.5，取 2 个

光纤电缆数量：$2 \times (6+2) = 16$ 芯

9. 某新建办公建筑，地上共 29 层，层高均为 5m，地下共 2 层，其中地下二层为汽车库，地下一层机电设备备用房设有电信进线机房，裙房共 4 层，5~29 层为开敞办公区域，每层开敞办公区域为 1200m²，各层平面相同，各层弱电竖井位置均上下对应。在 5~29 层开敞办公空间内按一般办公区功能设置综合布线系统时，每层按规定至少设置多少双孔（一个语音点和一个数据点）5c 类或以上等级的信息插座？

（A）120 个　　　　（B）110 个　　　　（C）100 个　　　　（D）90 个

答案：A

解答过程：依据《综合布线系统工程设计规范》（GB 50311—2016）第 5.1.2 条表 8，$N = 1200/(5 \sim 10) = 120 \sim 240$。

10. 某新建办公建筑，地上共 29 层，层高均为 5m，地下共 2 层，其中地下二层为汽车库，地下一层机电设备备用房设有电信进线机房，裙房共 4 层，5~29 层为开敞办公区域，每层开敞办公区域为 1200m²，各层平面相同，各层弱电竖井位置均上下对应。如果 5~29 层自每层电信间竖井至本层最远点信息插座的水平电缆长度为 83m，则楼层配线设备可每几层设一组？

（A）9 层　　　　（B）7 层　　　　（C）5 层　　　　（D）3 层

答案：D

出处：《综合布线系统工程设计规范》（GB 50311—2016）第 3.3.2 条。

解答过程：双绞电缆的长度不应大于 90m。层高为 5m，向上一层和向下一层均可使用本层配电设备，一共 3 层，即 $83 + 1 \times 5 = 88 < 90$m。

第 3 章

信息综合管路系统

信息综合管路系统适应各智能化系统数字化技术发展和网络化融合趋势，整合建筑物内各智能化系统信息传输基础链路的公共物理路由，使建筑中的各智能化系统的传输介质按一定的规律，合理有序地安置在大楼内的综合管路中，避免相互间的干扰或碰撞，为智能化系统综合功能充分发挥作用提供保障。信息综合管线系统包括与整个智能化系统相关的弱电预埋管、预留孔洞、弱电竖井、桥架、管路，以及系统的电源供应、接地、避雷、屏蔽和防火等，是现代建筑物内的综合系统工程。

信息设施系统是现代建筑物内的系统工程，它与大楼内所有的机电设备如变配电、空调、照明等有密切关系。建筑智能化系统包括楼宇设备监控系统、安全防范系统、一卡通系统、卫星有线电视及视频点播系统、综合布线系统、LED 及触摸屏查询系统、多功能会议系统、机房及电源防雷接地系统、背景音乐及广播系统等。信息综合管路设计的目的是使这些系统的电缆按一定的规律，合理有序地安置在大楼内的综合管路中。

3.1 综合管路施工前准备

施工前的准备工作主要包括技术准备、施工工具准备、施工前的器材检查、现场调查与开工检查、施工前的环境检查等环节。

1. 技术准备

1）熟悉所有弱电管线系统工程设计、施工、验收的规范要求，掌握施工技术以及整个工程的施工组织技术。

2）熟悉和会审施工图样。认真读懂施工图样，理解图样设计的内容，掌握设计人员的设计思想。

3）熟悉与工程有关的技术资料，如厂家提供的说明书和产品测试报告、技术规程、质量验收评定标准等内容。

4）技术交底。技术交底工作主要由设计单位的设计人员和工程安装承包单位的项目技术负责人一起完成。技术交底的主要内容：设计要求和施工组织中的有关要求；工程使用的材料、设备性能参数；工程施工条件、施工顺序、施工方法；施工中采用的新技术、新设备、新材料的性能和操作使用方法；预埋部件注意事项；工程质量标准和验收评定标准。

5）编制施工方案，制定施工进度。

6）编制工程预算。工程预算具体包括工程材料清单和施工预算。

2. 施工工具准备

信息综合管路工程实施所需施工工具有斜口钳、电钻、钢锯、牵引线和冲击工具等。其中弱电管线常用工具如下：

（1）尼龙扎带

扎带如图3-1所示，也称为尼龙扎带或束线带，分为普通尼龙扎带、自锁式尼龙扎带和标牌扎带等。扎带具有止退功能，并有绑扎快速、绝缘性好、自锁禁固和使用方便等特点。

（2）RJ45网线钳

制作RJ45水晶头的工具一般选用RJ45多用网线钳，如图3-2所示，这类网线钳集剥线、剪线、压线等功能于一身，使用起来非常方便。选择RJ45多用网线钳时应该注意：用于剥线的金属刀片一定要锋利耐用，用它切出的端口应该是平整的，刀口的距离要适中，否则影响剥线；压制RJ45插头的插槽应该标准，如果压不到底会影响网络传输的速度和质量；网线钳的簧丝弹性要好，压下后应该能够迅速弹起。

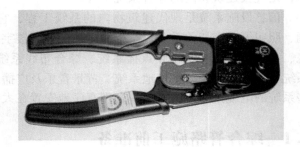

图3-1　尼龙扎带　　　　　　　　　　图3-2　网线钳

（3）打线工具

打线工具用于对绞线的终接，有如图3-3所示的单对打线工具和5对打线工具两种。单对打线工具用于将对绞线接到信息模块和数据配线架上，具有压线和截线功能，能截断多余的线头。5对打线工具专用于110连接块和110配线架的连接。

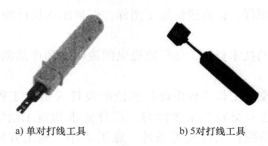

a) 单对打线工具　　　　　　　　b) 5对打线工具

图3-3　打线工具

（4）剥线器

剥线器也称剥线刀，如图3-4所示。它的主要功能是剥掉对绞线外部的绝缘层，其中的电缆剥线钳使用了高度可调的刀片，操作者可以自行调整切入的深度。使用它进行剥皮不仅比使用压线钳快，而且还比较安全，一般不会损坏到包裹芯线的绝缘层。

（5）弯管器

弯管器有手动和电动两种，是电工排线布管所用工具，用于电线管的折弯排管，属于螺旋弹簧形状工具，如图3-5所示。

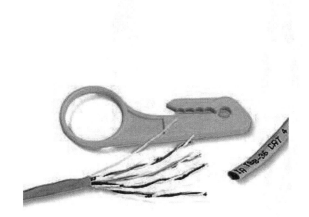

图3-4　剥线器　　　　　　　　　　　　　　图3-5　弯管器

（6）光纤熔接机

光纤熔接机是结合了光学、电子技术和机械原理的精密仪器设备。其主要原理是利用光学成像系统显示切割完成的需熔接光纤端面情况，通过光纤对准系统将两段光纤对准，然后由电极放出的高压电弧熔融光纤以获得低损耗、低反射、高机械强度以及长期稳定可靠的光纤熔接接头。常见的光纤熔接机如图3-6所示。

（7）光时域反射仪

光时域反射仪（Optical Time Domain Reflectometer，OTDR）如图3-7所示。OTDR是利用光线在光纤中传输时的瑞利散射和菲涅尔反射所产生的背向散射而制成的精密光电一体化仪表，广泛应用于光缆线路的维护施工之中，可进行光纤长度、光纤的传输衰减、接头衰减和故障定位等的测量。

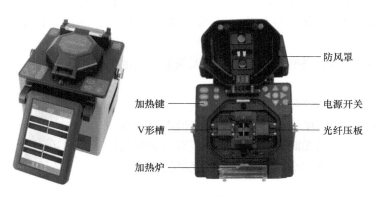

图3-6　光纤熔接机　　　　　　　　　　　　图3-7　光时域反射仪

（8）光纤施工常用工具

光纤施工常用工具有用于尾纤剪切的卡夫拉剪刀、用于剪断光缆内钢丝的钢丝剪断钳、用于剥离光纤保护层的光纤剥线钳、用于室内光缆外皮剥除的紧套管剥除钳、用于切割开室外光缆黑色外皮的光缆横向开缆刀、用于清洁镜头表面灰尘的皮老虎等，如图 3-8 所示。

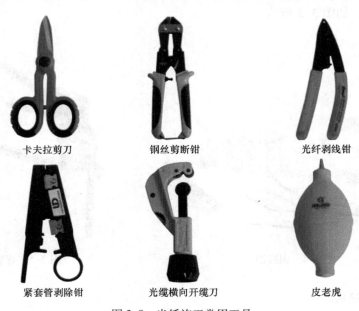

卡夫拉剪刀　　　　　　　钢丝剪断钳　　　　　　　光纤剥线钳

紧套管剥除钳　　　　　　光缆横向开缆刀　　　　　　皮老虎

图 3-8　光纤施工常用工具

3. 施工前的器材检查

工程施工前应认真对施工器材进行检查，经检验的器材应做好记录，对不合格的器材应单独存放，以备检查和处理。

（1）型材、管材与铁件的检查要求

1）各种型材的材质、规格、型号应符合设计文件的规定。

2）管材采用钢管、硬质聚氯乙烯管时，其管身应光滑、无伤痕，管孔无变形，孔径、壁厚应符合设计要求。

3）管道采用水泥管道时，应按通信管道工程施工及验收中相关规定进行检验。

4）各种铁件的材质、规格均应符合质量标准，不得有歪斜、扭曲、飞刺、断裂或破损。

5）铁件的表面处理和镀层应均匀、完整、表面光洁，无脱落、气泡等缺陷。

（2）电缆和光缆的检查要求

1）工程中所用电缆、光缆的规格和型号应符合设计规定。

2）每箱电缆或每圈光缆的型号和长度应与出厂质量合格证内容一致。

3）缆线的外护套应完整无损，芯线无断线和混线，并应有明显的色标。

4）电缆外套具有阻燃特性的，应取一小截电缆进行燃烧测试。

4. 现场调查与开工检查

在工程施工前，应进行开工检查，主要是确认工程是否需要修改，现场环境是否有变化。首先要核对施工图样、方案与实际情况是否一致，涉及的建筑重要参数是否有变化。另外，还需要核查图样上提到的孔洞位置。施工前工程师和安装工人都应该到现场熟悉环境，开工检查表格在工程实施开始前提交用户。

3.2 综合管路施工

弱电工程中需要敷设缆线的场所就需要敷设管道，主要分为室外综合管路和室内综合管路。

3.2.1 室外综合管路

室外管道从中心（网络中心、监控中心、控制中心等）开始延伸到建筑的各个角落，以满足建筑计算机网络系统、综合布线系统、闭路监控电视系统、一卡通系统、报警系统、背景音乐系统、楼宇控制系统等需要户外敷设管线的系统。室外综合管路主要敷设技术有直埋布线法、穿管布线法、电缆沟敷设法、架空线路以及管廊技术。为了便于施工、维护缆线，在室外综合管路设施中一般还设置弱电井（人孔或手孔）。人孔是人可以在里面施工的"孔"，也称为人井；而手孔就是人不可以在里面施工但伸手可以施工的"孔"，也称为手井。

1. 直埋布线法

直埋布线法是将缆线直接埋入地下，挖完直埋缆沟后，在沟底铺砂垫层，并清除沟内杂物，再敷设缆线，电缆敷设完毕后，要马上再填沙，还要在电缆上面盖一层砖或者混凝土板来保护电缆，然后回填的一种缆线敷设方式。穿过基础墙或路基（街道等）的那部分缆线一般应敷设保护管，其余部分可不设保护管。直埋布线法的优点是敷设方便、节省材料和人工，缺点是维护不便。

2. 穿管布线法

缆线穿管敷设相比直埋来说，更便于后期维护和增加线路。穿管敷设的缆线，可以考虑一些备用管或者蜂窝管，为日后线路维护和增容等做准备。在一些线路较多、路由比较集中的区域布线中可采用排管方式。

3. 电缆沟敷设法

电缆沟敷设法就是在用砖或水泥砂浆砌成的电缆沟槽内敷设缆线的方法，一般适用于地面载重负荷较轻的缆线路径，如人行道、工厂内的场地等。图 3-9 所示为电缆沟敷设样图。

图 3-9 电缆沟

4. 架空线路

架空线路主要指架空明线，其架设在地面之上，架设及维修比较方便，成本较低，但容易受到气象和环境（如大风、雷击、污秽、冰雪等）的影响而引起故障。布放跨越道路钢绞线的安全措施：在有旧吊线的条件下，利用旧吊线挂吊线滑轮的办法升高跨越公路、铁路、街道的钢绞线，以防止下垂拦挡行人及车辆；在新建杆路上跨越铁路、公路、街道时，采用单档临时辅助吊线以挂高吊线防止下垂拦挡行人及车辆；在吊线紧好后拆除吊线滑轮和临时辅助吊线，同时注意警戒，保证安全。

5. 管廊技术

综合管廊就是城市地下管道综合走廊，即在城市地下建造一个隧道空间，将电力、通信、燃气、供热、给排水等各种工程管线集于一体，设有专门的检修口、吊装口和监测系统，实施统一规划、统一设计、统一建设和管理。图 3-10 所示为综合管廊。

图 3-10　综合管廊

3.2.2　室内综合管路

根据弱电工程施工的场合可以选用不同类型和规格的管路和槽道，常见的管路和桥架安装有明敷设和暗敷设。按照弱电工程安装位置的不同，管路有水平管路敷设、垂直干线管线敷设、设备间管线敷设和管线入户路由安装 4 种工程安装方式。因工业环境对弱电工程要求较高，本小节对工业环境中的弱电布线系统也进行叙述。

1. 水平管路敷设

（1）明敷管路

旧建筑物的布线施工常使用明敷管路，新的建筑物应少用或尽量不用明敷管路。在综合管路系统中明敷管路常见的有钢管、PVC 线槽、PVC 管等，在一些造价较低、要求不高的综合布线场合需要使用 PVC 线槽和 PVC 管。

明敷设布线方式主要用于既没有天花板吊顶又没有预埋管槽的建筑物，通常采用走廊槽式桥架和墙面线槽相结合的方式来设计布线路由。通常水平布线路由从 FD 开始，经走廊槽式桥架，用支管到各房间，再经墙面线槽将缆线布放至信息插座（明装）。当布放的缆线较少时，从配线间到工作区信息插座布线也可全部采用墙面线槽方式。

1）走廊槽式桥架方式是指将线槽用吊杆或托臂架设在走廊的上方。

2）墙面线槽方式如图 3-11 所示。墙面线槽方式适用于既没天花板吊顶又没有预埋管槽的已建建筑物的水平布线。

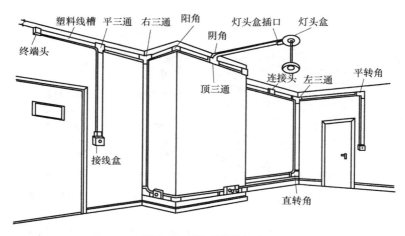

图 3-11 墙面线槽方式

（2）暗敷管路

新建的智能建筑物内一般都采用暗敷管路来敷设缆线。在建筑物土建施工时，一般同时预埋暗敷管路。暗敷管路是水平子系统中经常使用的支撑保护方式之一。

暗敷设通常沿楼层的地板、楼顶吊顶、墙体内预埋管布线，这种方式适合于建筑物设计与建设时已考虑综合布线系统的场合。

1）电缆线槽如图 3-12 所示，由电信间出来的缆线先走吊顶内的线槽，到各房间后，经分支线槽从横梁式电缆管道分叉后将电缆穿过一段支管引向墙柱或墙壁，由预埋暗管沿墙而下到本层的通信出口，或沿墙而上引到上一层墙上的暗装信息出口，最后端接在用户的信息插座上。

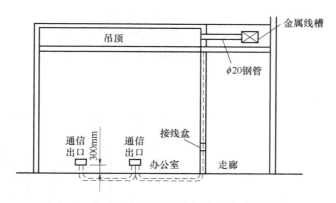

图 3-12 先走吊顶的槽道再穿过支管到信息出口

2）高架地板布线方式如图 3-13 所示。高架地板为活动地板，由许多方块面板组成，放置在钢制支架上的每块板均能活动。

（3）桥架的选择

桥架和槽道产品的长度、宽度和高度等规格尺寸均按厂家规定的标准生产。在新建的智能建筑中安装槽道时，要根据施工现场的具体尺寸，进行切割锯裁后加工组装。根据实际安装的槽道规格尺寸和外观色彩进行生产（包括槽道、桥架和有关附件及连接件），常见桥架类型如图 3-14 所示。

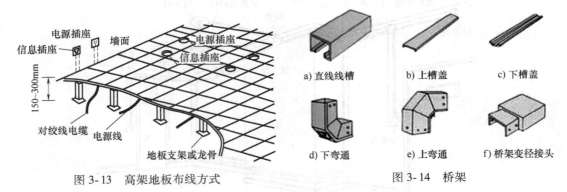

图 3-13　高架地板布线方式　　　　图 3-14　桥架

缆线布放在管与线槽内的管径与截面利用率应根据不同类型的缆线做不同的选择。管内穿放大对数电缆或 4 芯以上光缆时，直线管路的管径利用率应为 50%~60%，弯管路的管径利用率应为 40%~50%。管内穿放 4 对对绞电缆或 4 芯光缆时，截面利用率应为 25%~30%。布放缆线在线槽内的截面利用率应为 30%~50%。

桥架和槽道的安装要求：

1）桥架及槽道的安装位置应符合施工图规定，左右偏差不应超过 50mm；

2）桥架及槽道水平度每平米偏差不应超过 2mm；

3）垂直桥架及槽道应与地面保持垂直，并无倾斜现象，垂直度偏差不应超过 3mm；

4）两槽道拼接处水平偏差不应超过 2mm；

5）线槽转弯半径不应小于其槽内的缆线最小允许弯曲半径的最大值；

6）吊顶安装应保持垂直，整齐牢固，无歪斜现象；

7）金属桥架及槽道节与节间应接触良好，安装牢固；

8）管道内应无阻挡，道口应无毛刺，并安置牵引线或拉线；

9）为了实现良好的屏蔽效果，金属桥架和槽道接地体应符合设计要求，并保持良好的电气连接。

2. 垂直干线管线敷设

建筑物垂直干线布线通道可采用电缆孔、电缆竖井和管道 3 种方法，下面介绍前两种方法。

（1）电缆孔方法

干线通道中所用的电缆孔是很短的管道，通常是用一根或数根直径为 10cm 的钢管做成。它们嵌在混凝土地板中，而且是在浇注混凝土地板时嵌入的，比地板表面高出 2.5~10cm，也可直接在地板中预留一个大小适当的孔洞。电缆往往捆在钢绳上，而钢绳又固定到墙上已销好的金属条上，当楼层配线间上下都对齐时，一般采用电缆孔方法，如图 3-15 所示。

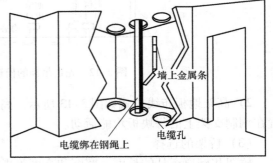

图 3-15　电缆孔方法

（2）电缆井方法

电缆井方法常用于干线通道，也就是常说的竖井。电缆井是指在每层楼板上开出一些方孔，使电缆可以穿过这些电缆井从这层楼伸到相邻的楼层，上下应对齐，如图3-16所示。

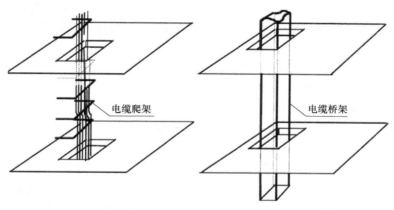

图 3-16　电缆井方法

3. 设备间管线敷设

（1）活动地板

活动地板一般在建筑物建成后安装敷设。目前有两种敷设方法：正常活动地板，高度为300～500mm，地板下面空间较大，除敷设各种缆线外还可兼作空调送风通道；简易活动地板，高度为60～200mm，地板下面空间小，只作缆线敷设用，不能作为空调送风通道，如图3-17所示。

两种活动地板在新建建筑中均可使用，一般用于电话交换机房、计算机主机房和设备间。简易活动地板下面空间较小，在层高不高的楼层尤为适用，可节省净高空间，也适用于已建成的原有建筑或地下管线和障碍物较复杂且断面位置受限制的区域。

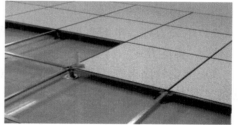

图 3-17　活动地板

（2）地板或墙壁内沟槽

缆线在建筑的预先建成的地板或墙壁内的沟槽中敷设时，沟槽的大小根据缆线容量来设计，上面设置盖板保护。地板或墙壁内沟槽敷设方式只适用于新建建筑，在已建建筑中较难采用，因不易制成暗敷沟槽。沟槽敷设方式只能在局部段落中使用，不宜在面积较大的房间内全部采用。在今后有可能变化的建筑中不宜使用沟槽敷设方式，因为沟槽是在建筑中预先制成的，所以使用时会受到限制，缆线路由不能自由选择和变动。

（3）预埋管路

在建筑的墙壁或楼板内预埋管路，其管径和根数根据缆线需要来设计。预埋管路只适用于新建建筑，管路敷设方式必须根据缆线分布方案要求设计。预埋管路必须在建筑施工中建成，所以使用会受到限制，必须精心设计和考虑。

（4）机架

敷设在机架上的桥架的尺寸根据缆线需要设计，在已建或新建的建筑中均可使用这种敷设方式（除楼层层高较低的建筑外），它的适应性较强，使用场合较多。

4. 管线入户路由安装

由室外管路引入建筑物内缆线设计有地下和架空两种方式。地下方式又分为地下电缆管道、电缆沟和电缆直埋方式3种类型。架空方式又分为架空杆路和墙壁挂放两种类型。

（1）地下方式

1）电缆管道。电缆管道如图3-18所示。

2）电缆沟。电缆沟如图3-19所示。

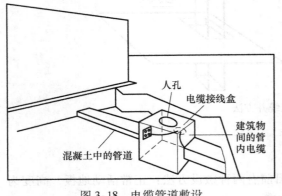

图3-18 电缆管道敷设

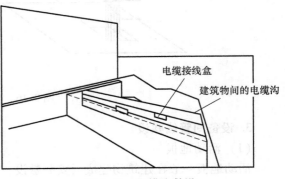

图3-19 电缆沟敷设

3）电缆直埋。电缆直埋如图3-20所示。

（2）架空方式

1）架空杆路电缆。架空杆路电缆（立杆架设）如图3-21所示。架空电缆宜采用塑料电缆，不宜采用钢带铠装电缆。

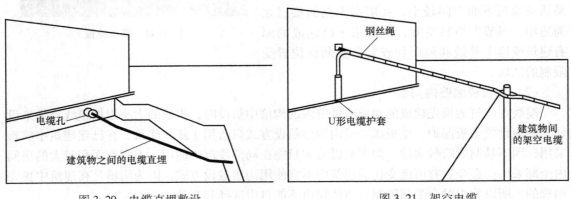

图3-20 电缆直埋敷设　　　　　　　图3-21 架空电缆

2）墙壁挂放电缆。墙壁挂放电缆的优点为初次工程投资费用较低，施工和维护较方便，较架空电缆美观；缺点为产生障碍的机会较多，对通信安全有所影响，安全性不如地下方式。

5. 工业环境布线系统

在高温、潮湿、电磁干扰、撞击、振动、腐蚀气体、灰尘等恶劣环境中应采用工业环境布线系统，并应支持语音、数据、图像、视频、控制等信息的传递。工业环境布线系统设置应符合下列规定：

1）工业级连接器件应使用于工业环境中的生产区、办公区或控制室与生产区之间的交界场所，也可应用于室外环境。

2）在工业设备较为集中的区域应设置现场配线设备。

3）工业环境中的配线设备应根据环境条件确定防护等级。

3.3 缆线的施工技术

缆线施工应根据缆线类型的不同选择相应的施工技术和实施方案，主要分为对绞线施工技术和光纤施工技术。布线施工中要注意以下基本事项：

1）水平缆线布设完成后，缆线的两端应贴上相应的标签，以识别缆线的来源地。

2）非屏蔽 4 对对绞线电缆的弯曲半径应至少为电缆外径的 4 倍，屏蔽对绞线电缆的弯曲半径应至少为电缆外径的 6~10 倍。

3）缆线在布放过程中应平直，不得产生扭绞、打圈等现象，不应受到外力的挤压和损伤。

4）缆线在线槽内布设时，要注意与电力线等电磁干扰源的距离要达到规范的要求。

5）缆线在牵引过程中，要均匀用力缓慢牵引。缆线牵引力度规定：1 根 4 对对绞线电缆的拉力为 100N；2 根 4 对对绞线电缆的拉力为 150N；3 根 4 对对绞线电缆的拉力为 200N；不管多少根线对电缆，最大拉力不能超过 400N。

6）主干缆线一般较长，在布放缆线时可以考虑使用机械装置辅助人工进行牵引，在牵引过程中各楼层的人员要同步牵引，不要用力拽拉缆线。

1. 对绞线施工技术

对绞线电缆的牵引技术目前主要采用 3 种方式：牵引 4 对对绞线电缆、牵引单根 25 对对绞线电缆、牵引多根 25 对或更多线对电缆。

1）牵引 4 对对绞线电缆：用电工胶布缠绕多根对绞线电缆的末端，将对绞线电缆与拉绳绑扎固定，如图 3-22 所示。

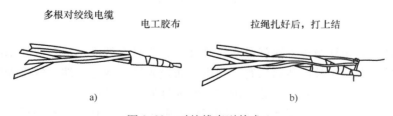

图 3-22　对绞线牵引技术 1

4 对对绞线电缆的另一种牵引方法也是经常使用的，如图 3-23 所示，剥除电缆外表皮得到裸露金属导体，编织成金属环以供拉绳牵引。

图 3-23　对绞线牵引技术 2

2）牵引单根 25 对对绞线电缆：电缆末端与电缆自身打为一个结，用电工胶布加固形成坚固的环，在缆环上固定好拉绳，如图 3-24 所示。

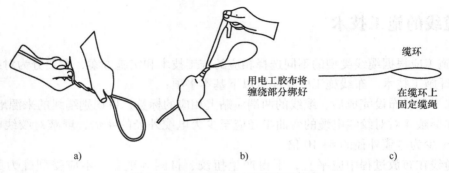

图 3-24　单根 25 对对绞线牵引技术

3）牵引多根 25 对或更多线对对绞线电缆：如图 3-25 所示，将电缆分为两组缆线，两组缆线交叉地穿过接线环，缆线缠纽在自身电缆上，在电缆缠纽部分紧密缠绕电工胶布。

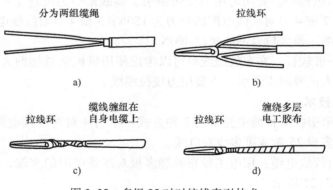

图 3-25　多根 25 对对绞线牵引技术

2. 光缆布线方法

目前国外最新的光纤布线方法就是吹光纤技术，它具有低成本、布放效率高等优点。首先根据光纤布线路由预先敷设塑料微管，当需要布设光纤时通过压缩空气将光纤吹到空管道内。吹光纤系统由微管、吹光纤纤芯、附件、吹光纤安装设备组成。

建筑物内的主干光缆一般安装在建筑物专用的弱电井中。它从设备间至各个楼层的交接间布放，成为建筑物内的主要骨干线路。在弱电井中布放光缆有两种方式：由建筑物的顶层向下垂直布放和由建筑物的底层向上牵引布放。通常采用向下垂直布放的施工方式，只有当整盘光缆搬到顶层有较大困难时，才采用由下向上的牵引布放方式。

建筑物室外光缆常见的 3 种敷设方法分别是架空敷设、地下管道敷设和直接地下掩埋敷设。

图 3-26 所示为架空光缆放线示意图。光缆架空敷设时，在光缆的转弯处或地形较复杂处应有专人负责。架空布放光缆应使用滑轮，在架杆和吊线上预先挂好滑轮，在光缆引上滑轮、引下滑轮处减少垂度，减小所受张力。在滑轮间穿好牵引绳，牵引绳系住光缆的牵引头，用一定牵引力让光缆爬上架杆，吊挂在吊线上。每盘光缆在接头处应留有杆长加 3m 的余量，以便接续盒地面熔接操作，并且每隔几百米要有一定的盘留。

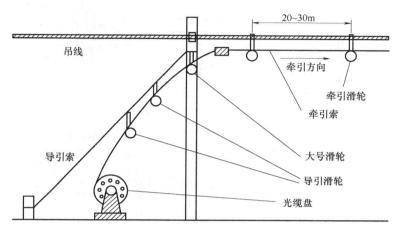

图 3-26 架空光缆放线示意图

地下管道敷设光缆：在管道中敷设光缆时先进行缆盘放置及引入口处的安装。由光缆拖车或千斤顶支撑于管道人孔一侧，光缆盘一般距地面 5~10cm。为光缆安全起见，在光缆入口孔可采用输送管，图 3-27a 所示为将光缆盘放在光缆入口处近似直线的位置，也可以按图 3-27b 所示位置放置。

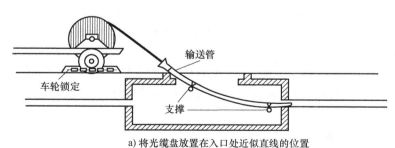

a) 将光缆盘放置在入口处近似直线的位置

b) 将光缆盘放置在入口处弯弧的位置

图 3-27 管道光缆布线

在管道引出口进行光缆牵引时有导引器、滑轮两种方式。采用导引器方式是把导引器和导轮按图 3-28a 所示方法安装，应使光缆引出时尽量呈直线，可以把牵引机放在合适的位置。若人孔出口窄小或牵引机无合适位置，为避免光缆侧压力过大或摩擦光缆，应将牵引机放置在前边一个人孔（光缆牵引完后再抽回引出人孔），但应在前一个人孔另安装一个光缆导引器或滑轮，如图 3-28b 所示。

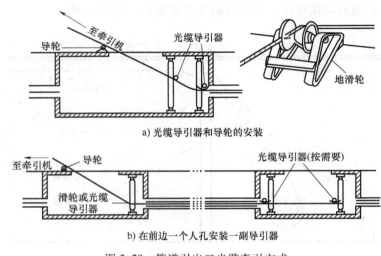

a) 光缆导引器和导轮的安装

b) 在前边一个人孔安装一副导引器

图 3-28　管道引出口光缆牵引方式

由于光缆施工的重要性和光纤的脆弱性，施工时应尽量小心，并有以下几条注意要点：

1）局域网中光缆布线指导思想：要求有隐蔽性和美观性，同时不能破坏各建筑物的结构等，在利用现有空间时应避开电源线路和其他线路，现场情况下对光缆应有必要和有效的保护。

2）光纤布线应由专业施工人员组织完成，布线中应尽量拉直光纤。

3）管内穿放 4 芯以上光缆时，直线管路的管径利用率应为 50%～60%，弯管路的管径利用率应为 40%～50%。

4）拐弯处不能折成小于等于 90°，以免造成纤芯损伤。光纤安装时的转弯半径为缆线外径的 10 倍，安装完成后长时间放置时的转弯半径为缆线外径的 15 倍。

5）光纤两头要制作标记。

3. 导管与桥架的安装

常用的布线导管包括金属导管（钢管和电线管）、可弯曲金属导管、中等机械应力以上刚性塑料导管和混凝土管孔等。常用的布线桥架包括金属电缆槽盒（封闭可开启）、中等机械应力以上刚性塑料槽盒、地面槽盒（金属封闭式或中等机械应力以上刚性塑料）、网格电缆桥架（信息机房内高位明敷）等。导管或桥架的性能、规格和材质的选取应保障其具有一定的承重、抗弯曲、抗冲击能力。导管或桥架应安装于干燥位置，潮湿或对金属有严重腐蚀的场所不宜采用金属导管，或采用金属导管但管材表面增加防腐措施，如采用双层金属层外敷聚氯乙烯护套的防水型可弯曲金属电气导管明敷于潮湿场所或暗敷于墙体、混凝土地面、楼板垫层或现浇钢筋混凝土楼板内。过线盒也称为拉线盒，通常使用于布放缆线数量较少的路由，可用于牵引缆线与缆线盘留，但不可用于接续缆线。导管引出部分留有一定的长度可防止混凝土在建筑过程中进入导管，缆线布放完成后，管口可使用防火材料封堵。

缆线敷设在建筑物的吊顶内时，应采用金属导管或槽盒。布线导管或槽盒在穿越防火分区楼板、墙壁、天花板、隔墙等建筑构件时，其空隙或空间的部位应按等同于建筑构件耐火等级的规定封堵。塑料导管或槽盒及附件的材质应符合相应阻燃等级的要求。布线导管或桥架在穿越建筑结构伸缩缝、沉降缝、抗震缝时，应采取补偿措施。布线导管或槽盒暗敷设于楼板时，不应穿越机电设备基础。暗敷设在钢筋混凝土现浇楼板内的布线导管或槽盒最大外径宜为楼板厚度的 1/4～1/3。建筑物室外引入管道设计应符合建筑结构地下室外墙防水要求。引入管道应采用热浸镀锌厚壁钢管，外径为 50～63.5mm 钢管的壁厚度不应小于 3mm，外径为 76～114mm 钢管的壁厚度不应小于 4mm。建筑物内采用导管敷设缆线时，导管选用应符合下列规定：

1）线路明敷设时，应采用金属管、可挠金属电气导管保护。

2）建筑物内暗敷设时，应采用金属管、可弯曲金属电气导管等保护。

3）导管在地下室各层楼板或潮湿场所敷设时，不应采用壁厚小于 2mm 的热镀锌钢管或重型包塑可弯曲金属导管。

4）导管在二层底板及以上各层钢筋混凝土楼板和墙体内敷设时，可采用壁厚不小于 1.5mm 的热镀锌钢导管或可弯曲金属导管。

5）在多层建筑砖墙或混凝土墙内竖向暗敷导管时，导管外径不应大于 50mm。

6）由楼层水平金属槽盒引入每个用户单元信息配线箱或过路箱的导管，宜采用外径为 20～25mm 钢导管。

7）楼层弱电间（电信间）或弱电竖井内钢筋混凝土楼板上，应按竖向导管的根数及规格预留楼板孔洞或预埋外径不小于 89mm 的竖向金属套管群。

8）导管的连接宜采用专用附件。

4. 缆线布放

建筑物内缆线的敷设方式应根据建筑物构造、环境特征、使用要求、需求分布以及所选用导体与缆线的类型、外形尺寸及结构等因素综合确定，并应符合下列规定：

水平缆线敷设时，应采用导管、桥架的方式，并应从槽盒、托盘引出至信息插座，可采用金属导管敷设，吊顶内宜采用金属托盘、槽盒的方式敷设，吊顶或地板下缆线引入至办公家具桌面宜采用垂直槽盒方式及利用家具内管槽方式敷设，墙体内应采用穿导管方式敷设，大开间地面布放缆线时，根据环境条件宜选用架空地板下或网络地板内的托盘、槽盒方式敷设。

缆线布放在导管与槽盒内的管径与截面利用率应符合下列规定：

1）管径利用率和截面利用率应按下列公式计算：

$$管径利用率 = d/D \tag{3-1}$$

式中，d 是缆线外径；D 是管道内径。

$$截面利用率 = A_1/A \tag{3-2}$$

式中，A_1 是穿在管内的缆线总面积；A 是管道的内截面积。

2）弯导管的管径利用率应为 40%～50%。

3）导管内穿放大对数电缆或 4 芯以上光缆时，直线管路的管径利用率为 50%～60%。

4）管内穿放 4 对对绞电缆或 4 芯及以下光缆时，截面利用率应为 25%～30%。

5）槽盒的截面利用率应为 30%～50%。

干线子系统垂直通道宜选用穿楼板电缆孔、导管或桥架、电缆竖井 3 种方式敷设。

建筑群之间的缆线宜采用地下管道或电缆沟方式敷设。敷设建筑群之间的缆线所需管道管孔的数量、尺寸及电缆沟尺寸需考虑：建筑物的类型和用途、支持的应用业务、期望的扩展规模、将来添加管道的施工难度、引入建筑物入口位置与场景条件、拟敷设的缆线类型及数量和尺寸等因素。综合布线系统管线的弯曲半径应符合表 3-1 的规定。

表 3-1　综合布线系统管线的弯曲半径规定

缆 线 类 型	弯 曲 半 径
2 芯或 4 芯水平光缆	>25mm
其他芯数和主干光缆	不小于光缆外径的 10 倍
4 对屏蔽、非屏蔽电缆	不小于电缆外径的 4 倍
大对数主干电缆	不小于电缆外径的 10 倍
室外光缆、电缆	不小于缆线外径的 10 倍

用户光缆敷设与接续应符合下列规定：

1）用户光缆光纤接续宜采用熔接方式。

2）在用户接入点配线设备及信息配线箱内宜采用熔接尾纤方式终接，不具备熔接条件时可采用现场组装光纤连接器件终接。

3）每一光纤链路中宜采用相同类型的光纤连接器。

4）采用金属加强芯的光缆，金属构件应接地。

5）室内光缆预留长度应符合规定：光缆在配线柜处预留长度应为 3～5m，光缆在楼层配线箱处光纤预留长度应为 1～1.5m，光缆在信息配线箱终接时预留长度不应小于 0.5m，光缆纤芯不做终接时应保留光缆施工预留长度。

5. 光交箱的安装

社区光交箱选址应在小区的绿化带内、楼侧、配电房旁，避开外部高压电干扰及高温、腐蚀和易燃易爆区，且不影响居民的正常生活和出行。光交箱必须接地，分别做箱体接地和加强芯接地。光交箱底座要宽出光交箱 10cm，基座预埋螺钉要高出基座 6～8cm，光交箱必须固定牢固。

光缆入箱要从右到左依次进缆，入箱光缆必须用卡箍进行固定，并且固定光缆加强芯，保护管沿光交箱右侧理线器进行捆扎（以光缆为单位呈束状捆扎），入缆孔要以胶泥进行封堵，如图 3-29 所示。ODF 盘要使用数字或字母从上到下进行标注、排序，防尘帽必须保留完整，分光器在光交箱内指定位置固定摆放。

图 3-29　光交箱进线

分光器整理完毕后，应对尾纤进行粘贴标签，尾纤标签信息要准确清晰，粘贴整齐。信息表格应粘贴在光交箱门内，信息表格内容要准确。楼道主箱选址要合理，安装的高度视现场条件而定，楼道主箱底部离地面至少 1.5m。

进机箱的所有缆线应采用下进线方式，从箱体左侧进缆孔进缆。箱外光缆采用波纹管进行保护，入箱光缆要做回水弯，进缆孔必须进行封堵。光缆不得与电缆交叉或缠绕。进缆后要对光缆进行固定，经过第一个压线卡箍，走理线架，然后进入熔接盘左侧卡箍进行固定，再进入熔接盘进行熔接。如有特殊情况也可采取其他进缆方式。采用其他进缆方式应注意：①光缆与电缆不得走同一缆线孔；②光缆与电缆入缆处要做回水弯；③进缆孔必须进行封堵，主要避免雨水或生活用水流入机箱内部对设备造成影响。

3.4 综合管路防护系统设计

1. 电气防护及接地

为了给建筑物中的人们提供舒适的工作与生活环境，建筑物除需安装综合布线系统外，还有供电系统、供水系统、供暖系统、煤气系统，以及高电平电磁干扰的电动机、电力变压器等电气设备。这些系统都对弱电系统的通信产生严重的影响，为了保障通信质量，布线系统与其他系统之间应保持必要的间距，且符合规范要求。

综合布线系统应远离高温和电磁干扰的场地，根据环境条件选用相应的缆线和配线设备或采取防护措施，并应符合下列规定：

1）当综合布线区域内存在的电磁干扰场强低于 3V/m 时，宜采用非屏蔽电缆和非屏蔽配线设备。

2）当综合布线区域内存在的电磁干扰场强高于 3V/m 时，或用户对电磁兼容性有较高要求时，可采用屏蔽布线系统和光缆布线系统。

3）当综合布线路由上存在干扰源，且不能满足最小净距要求时，宜采用金属导管和金属槽盒敷设，或采用屏蔽布线系统及光缆布线系统。

4）当局部地段与电力线或其他管线接近，或接近电动机、电力变压器等干扰源，且不能满足最小净距要求时，可采用金属导管或金属槽盒等局部措施加以屏蔽处理。

在建筑电信间、设备间、进线间及各楼层信息通信竖井内均应设置局部等电位联结端子板。综合布线系统应采用建筑物公用接地的接地系统。当必须单独设置系统接地时，其接地电阻不应大于 4Ω。当布线系统的接地系统中存在两个不同的接地体时，其接地电位差不应大于 1Vrms。配线柜接地端子板应采用两根不等长度，且截面积不小于 $6mm^2$ 的绝缘铜线导线接至就近的等电位联结端子板。屏蔽布线系统的屏蔽层应保持可靠连接，且全程屏蔽，在屏蔽配线设备安装的位置应就近与等电位联结端子板可靠连接。综合布线的电缆采用金属管槽敷设时，管槽应保持连续的电气连接，并应有不少于两点的良好接地。当缆线从建筑物外引入建筑物时，电缆、光缆的金属保护套或金属构件应在入口处就近与等电位联结端子板连接。当电缆从建筑物外面进入建筑物时，应选用适配的信号线路浪涌保护器。

2. 防火

防火安全保护是指在发生火灾时，系统能够有一定程度的屏障作用，防止火与烟的扩散。在智能化建筑中，缆线穿越墙体及电缆竖井内楼板时，综合布线系统所有的电缆或光缆都要采用阻燃护套。如果这些缆线是穿放在不可燃的管道内，或在每个楼层均采取了切实有效的防火措施（如用防火堵料或防火板材堵封严密），可以不设阻燃护套。电缆竖井或易燃区域中，所有敷设的电缆或光缆宜选用防火、防毒、低烟的产品。

3.5 工程监理及工程验收

3.5.1 工程监理

1. 工程建设监理的定义

工程建设项目监理又称工程建设监理（简称工程监理），本书统称为工程建设监理。工程建设监理是在一个工程建设项目的策划决策、工程设计、安装施工、竣工验收、维护检修等阶段组成的整个过程中，对其投资、工期和质量等多个目标，在事先、中期（又称过程）和事后进行严格控制和科学管理。

2. 工程建设监理的目的

1）全面提高工程建设项目的整体质量，确保各项工程建设项目都能正常运行。

2）有利于提高基本建设领域中的工作效率，缩短工程建设周期。

3）充分发挥各方面的潜力，共同采取切实有效的措施，全面控制工程建设投资。

4）有利于精简建设单位的组织机构和管理人员。

5）提高我国工程建设事业的管理水平，也有利于尽快与国际惯例接轨，且可参与国际市场竞争。

3. 综合管路工程的质量监理

工程质量监理包含 3 个阶段：施工准备阶段监理、施工阶段监理、工程保修阶段监理。本书主要介绍施工阶段工程监理的要点。

1）电缆、光缆的布放随工检查及隐蔽工程签证：检查电缆桥架及槽道安装位置是否正确，安装是否符合工艺要求，接地是否符合设计要求；检查线缆布放的路由、位置是否正确，是否符合布放缆线工艺要求；对隐蔽工程进行验收，包括埋在结构内的管路、利用结构钢筋做的避雷引下线、埋设及接地带连接处的焊接、不能进入吊顶内的管路敷设及直埋电缆等。

2）电缆、光缆终端的随工检查：主要检查信息插座、接线模块、光纤插座、各类跳线和接插件接触是否良好，接线有无错误，标志是否齐全，安装是否符合工艺要求。

3）工程电气测试的随工检查：电气性能测试包括线缆、信息插座及接线模块的测试；系统测试应包括连接图、长度、衰减、近端串扰等规定的测试内容；检查系统接地是否符合设计要求。

3.5.2 工程验收

工程验收是工程中重要的工作之一，是施工方将该工程向业主移交的正式手续，也是业主对整个布线工程的认可。工程验收实际上是贯穿于整个施工过程的，而不只是竣工后的工程电气性能测试及验收报告。

1. 验收标准及方法

综合布线系统工程验收通常采用分阶段验收和竣工总验收相结合的方式，一般应包括开工前检查、随工检查和竣工总验收几个阶段。以下标准可供综合布线系统工程验收参考：

1) 国际商务建筑布线标准（TIA/EIA-568-A 与 TIA/EIA-568-B）。

2) 国际商务建筑通信基础管理标准（TIA/EIA-606）。

3) 国际商务建筑通信设施规划和管路敷设标准（TIA/EIA-569）。

4) ISO/IEC 11801 系列标准。

5) 综合布线系统工程验收规范（GB/T 50312—2016）。

2. 现场验收基本要求

国家标准 GB/T 50312—2016 规定，对综合布线系统工程进行现场验收，应从环境检查、设备安装验收、缆线的敷设和保护方式检查、缆线终接、管理系统验收、工程电气测试和工程验收等方面进行。

3. 建立文档

为了便于工程验收和今后管理，施工单位应编制工程竣工技术文件，按协议或合同规定的要求交付所需要的文档。工程验收文档包括以下几个方面：

1) 工程图样：总体设计图、施工设计图、竣工图。

2) 工程核算：总和布线系统工程的主要安装工程量，如主干布线的缆线规格和长度、装设楼层配线架的规格和数量等。

3) 器件明细：设备、机柜机架和主要部件的数量明细，即将整个工程中所用的设备和主要部件分别统计，清晰地列出其型号、规格、程式和数量。

4) 测试记录：工程中各项技术指标和技术要求的随工验收、测试记录，如缆线的主要性能、光缆的光学传输特性等测试数据。

5) 隐蔽工程：直埋电缆或地下电缆管道等隐蔽工程经工程监理人员认可的签证；设备安装和缆线敷设工序告一段落时，经常驻工地代表或工程监理人员随工检查后的证明等原始记录。

6) 设计更改：在施工中有少量修改时，可利用原工程设计图更改补充，不需要重做图样，但在施工中改动较大时，则应另做图样。

7) 施工说明：在安装施工中一些重要部位或关键段落的施工说明，如建筑群配线架和建筑物配线架合用时，它们连接端子的区分和容量等。

8) 软件文档：综合布线系统工程中如采用计算机辅助设计时，应提供程序设计说明和有关数据，如操作说明、用户手册等文件资料。

9) 会议记录：在施工过程中由于各种客观因素部分变更或修改原有设计或采取相关技术措施时，应提供建设、设计和施工等单位之间对于这些变动情况的洽商记录，以及施工中的检查记录等基础资料。

工程验收技术文件在工程施工过程中或竣工后应及早编制，并在工程验收前提交建设单位。验收技术文件和相关资料应做到内容真实可靠、数据准确无误、文字表达条理清楚、文件外观整洁、图标内容清晰，不应有互相矛盾、彼此脱节、错误和遗漏等。

项目拓展训练

1. 在建筑群内地下通信管道设计中，下列哪些项符合规范的规定？

（A）应与红线外公用通信管道网、红线内各建筑物及通信机房引入管道衔接

（B）建筑群地下通信管道宜有一个方向与公共通信管道相连

（C）通信管道的路由和位置宜与高压电力管、热力管、燃气管安排在不同路侧

（D）管道坡度宜为 1‰~2‰，当室外道路已有坡度时，可利用其地势获得坡度

答案：AC

出处：《民用建筑电气设计规范》（JGJ 16—2008）第 20.7.4 条。

2. 综合布线系统的缆线弯曲半径应符合下列哪几项要求？

（A）主干光缆的弯曲半径不小于光缆外径的 10 倍

（B）4 对非屏蔽电缆的弯曲半径不小于电缆外径的 4 倍

（C）大对数主干电缆的弯曲半径不小于电缆外径的 10 倍

（D）室外光缆的弯曲半径不小于光缆外径的 15 倍

答案：ABC

出处：《综合布线系统工程设计规范》（GB 50311—2016）表 7.6.4。

3. 有一会议中心建筑，首层至 4 层为会议楼层，首层有一进门大厅，3 层设有会议电视会场，5~7 层为办公室，在 6 层弱电间引出的槽盒，其规格为 200mm×100mm，试问在该槽盒中布放 6 类综合布线水平电缆（直径 6.2mm），最多能布放根数为下列哪项？

（A）198 　　　　（B）265 　　　　（C）331 　　　　（D）397

答案：C

出处：《民用建筑电气设计规范》（JGJ 16—2008）第 20.7.2-12 条。

电缆根数：$n = (30\% \sim 50\%) \times (200 \times 100)/(\pi \times (6.2/2)^2) = 198 \sim 331$

4. 有一栋写字楼，地下一层，地上 10 层。其中，1~4 层布有裙房，每层建筑面积为 3000m²；5~10 层为标准办公层，每层面积为 2000m²。标准办公层每层公共区域面积占该层面积的 30%，其余为纯办公区域。在第 6 层办公区域按照每 5m² 设一个语音点，语音点采用 8 位模块通用插座，连接综合业务数字网，并采用 S 接口。该层的语音主干线若采用 50 对的 3 类大对数电缆，在考虑备用后，请计算至少配置的语音主干线电缆根数应为下列哪项数值？

（A）15 　　　　（B）14 　　　　（C）13 　　　　（D）7

答案：C

解答过程：依据《民用建筑电气设计规范》（JGJ 16—2008）第 21.3.7-1 条，当采用 S 接口（4 线接口）时，相应的主干电缆应按 2 对线配置，并在总需求线对的基础上至少预留 10%的备用线对。

信息点数：$N = ((2000 \times (1-30\%) \times (1+10\%)))/5 = 308$

电缆根数：$N' = 2N/50 = 2 \times 308/50 = 12.32$ 取 13

5. 某新建办公建筑，地上共 29 层，层高均为 5m，地下共 2 层，其中地下二层为汽车库，地下一层机电设备备用房设有电信进线机房，裙房共 4 层，5~29 层为开敞办公区域，每层开敞办公区域为 1200m²，各层平面相同，各层弱电竖井位置均上下对应，设在弱电竖井中具有接地的金属线槽内敷设的综合布线电缆沿竖井内明敷设，当竖井内有容量为 8kV·A 的 380V 电力电缆平行敷设时，说明它们之间最小净距应为下列哪项数值？

（A）100mm 　　　（B）150mm 　　　（C）200mm 　　　（D）300mm

答案：D

解答过程：本题综合布线电缆在线槽内，已经明确。依据《综合布线系统工程设计规范》（GB 50311—2016）表 7.0.1 得出答案。

6. 某新建办公建筑，地上共 29 层，层高均为 5m，地下共 2 层，其中地下二层为汽车库，地下一层机电设备备用房设有电信进线机房，裙房共 4 层，5~29 层为开敞办公区域，每层开敞办公区域为 1200m²，各层平面相同，各层弱电竖井位置均上下对应，如果自弱电竖井配出至二层平面的综合布线专用金属线槽内设有 100 根直径为 6mm 的非屏蔽超 5 类电缆，则此处应选用下列哪种规格的金属线槽才能满足规范要求？

（A）75mm×50mm　　（B）100mm×50mm　　（C）100mm×75mm　　（D）50mm×50mm

答案：C

解题过程：$100×\pi×(6/2)^2 mm^2 = 2826 mm^2$，$2826 mm^2/(30~50) = 5652~9420 mm^2$

▶ 第4章

信息通信基础设施

信息通信基础设施包含综合布线系统、信息接入系统、移动通信室内覆盖系统和卫星通信系统，是智能建筑进行信息化应用的基础设施。其中综合布线系统第2章已详细介绍了，本章介绍其他3个信息通信基础设施。

4.1 信息接入系统

随着现代建筑技术、自动控制技术、计算机技术、现代通信技术以及网络技术的迅猛发展，信息接入方式也经历了很大的发展。为了满足人们对工作和日常生活方式所提出的更高层次的需求，许多城市正在建设宽带城域网，为用户提供视频点播、远程教育和居家购物等宽带业务。为了满足用户对高水平信息网络的应用需求，信息接入系统的重要性也日益凸显。

4.1.1 接入网概述

信息接入网（Access Network，AN）是20世纪后期提出的一种新的网络概念，并由国际电信联盟标准做了定义和功能界定。按电信行业的定义，一个通信网的体系结构由三部分组成，即核心网、接入网和用户网。核心网包括中继网（本市内）和长途网（城市间）以及各种业务节点机（如局用数字程控交换机、核心路由器和专业服务器等）。核心网和接入网通常归属电信运营商管理和维护，用户网则归用户所有。因此，接入网是连接核心网和用户网的纽带，通过它实现把核心网的业务提供给最终用户。

接入网技术是电信市场化的产物，是满足用户环路网激烈的市场竞争而产生的新技术。接入网在电信网中具有极其重要的地位。第一，它是电信网中最大的部分，它的建设费用占建网总费用的60%以上；第二，接入网直接面对广大的用户和各种应用系统，它的服务质量直接影响网络的发展；第三，它是完成语音、数据和图像等综合业务的最主要的部分。目前，在传输网和交换网构成的核心网技术不断进步和完善的同时，广大客户对各种电信业务，特别是对多媒体业务和数据业务的需求日益增加，因而采用集语音、数据和图像传输于一体的综合业务接入网技术已成为人们关注的热点。

接入网的一端通过业务节点接口（Service Node Interface，SNI）与核心网中的业务节点相接，另一端通过用户网络接口（User Network Interface，UNI）与用户终端设备相连，并可经由Q3接口服从电信网管系统的统一配置和管理。接入网在电信网中的位置和功能如图4-1所示。

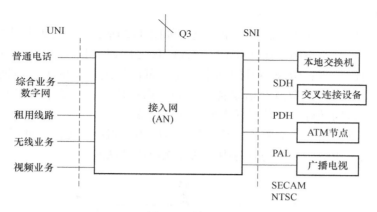

图 4-1　接入网

接入网业务节点是提供业务的实体,可提供规定业务的业务节点有本地交换机、租用线业务节点或特定配置的点播电视和广播电视业务节点等。SNI 是接入网和业务节点之间的接口,可分为支持单一接入的 SNI 和综合接入的 SNI。支持单一接入的标准化接口主要有提供 ISDN 基本速率的 V1 接口和一次群速率的 V3 接口,支持综合业务接入的接口目前有 V5 接口。接入网与用户间的 UNI 能够支持目前网络所提供的各种接入类型和业务,接入网的发展不应限制现有的业务和接入类型。

接入网环境下的基本网络拓扑结构有 4 种类型,即星形结构、环形结构、树形结构和总线结构。

根据接入网的传输介质不同,可以分为无线接入和有线接入。无线接入由接入设备类型可分为微波设备无线直放站、射频拉远技术等;有线接入目前通常可分为对绞线接入、光纤接入和混合接入 3 种方式。尽管宽带接入网技术多种多样,但它们有以下共同特点。

1)共享性:大多数接入网出于降低成本的需要为多用户共享,用户希望宽带接入永远在线但仅当传送业务时才计费,除此之外,共享媒介的接入方式要求提供加密与安全接入,防止恶意用户侵犯他人通信自由。

2)不对称性:数据和图像业务通常是不对称的,上、下行带宽不等是大多数宽带接入网的特征,而且上、下行所需带宽比例并不固定,这就对双工方式提出了一些新的要求,两个方向所用的帧结构、复用方式、比特率、传输技术甚至传输媒介都可能不同。

3)可扩展性:Internet 上主机数每年加倍,对由一些用户共享的接入网需要考虑如何适应用户数增长而扩展容量,即使对单用户的接入传输系统也需考虑今后如何适应用户业务量发展而升级的问题。

4.1.2　无线接入

无线接入网是以无线电技术(包括移动通信、微波及卫星通信等)为传输手段,连接端局及用户间的通信网,即无线本地环路。无线接入网主要应用于地偏人稀的农村及通信不发达地区、有线基建已饱和的繁华市区以及业务要求骤增而有线设施建设滞后的新建区域等。无线接入网由接入设备类型可分为微波技术、无线直放站和射频拉远技术等,下面重点介绍微波技术和无线直放站。

1. 微波技术

微波是电磁波频谱中无线电波的一个分支，如图4-2所示。它是频率很高或波长很短的一个无线电波段，通常是指频率在 300MHz～300GHz 之间或波长在 1mm～1m 之间的无线电波。微波通信具有的特点：微波频段的频带很宽，可以容纳更多的无线电通信设备同时工作；能够进行链路的中继；微波通信设备工作频率高；传输质量高、通信稳定可靠、数字化；天线增益高、方向性好；安装灵活方便、成本较低。

对于微波通信中，由于传输距离太长或传输链路中有阻挡而无法开通通信时，可在两端站之间设置中继站。中继站可分为有源中继站和无源中继站两种。

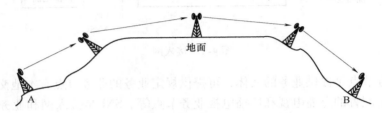

图4-2　微波接力通信

2. 无线直放站

无线直放站（中继器）属于同频放大设备，是指在无线通信传输过程中起到信号增强的一种无线电发射中转设备。无线直放站作为一种实现无线接入的辅助技术手段，常用来解决基站难以覆盖的盲区或将基站信号进行延伸。光纤直放站适用于在基站与拟建直放站区有障碍，两站之间不能视通，或两者相距甚远，同时基站和覆盖区之间没有引光缆的可能。

4.1.3　有线接入

传统的接入网主要以铜缆的形式为用户提供一般的语音业务和少量的数据业务。随着社会经济的发展，人们对各种新业务特别是宽带综合业务的需求日益增加，一系列接入网新技术应运而生，其中包括应用较广泛的以对绞线为基础的铜缆技术、混合光纤/同轴（Hybrid Fiber Coaxial，HFC）组网技术和混合光纤/无线接入技术、以太网到户技术。

对绞线为基础的铜缆技术主要是由多个对绞线构成的铜缆组成，采用先进的数字处理技术来提高对绞线的传输容量，向用户提供各种业务的技术，主要有数字线对增益（Digital Pair Gain，DPG）、高比特率数字用户线（High-speed Digital Subscriber Line，HDSL）、不对称数字用户线（Asymmetric Digital Subscriber Line，ADSL）等技术。

HFC 网是一种基于频分复用技术的宽带接入网，它的主干网使用光纤，采用频分复用方式传输多种信息，分配网则采用树状拓扑和同轴电缆系统，用于传输和分配用户信息。HFC 是将光纤逐渐推向用户的一种新的经济的演进策略，可实现多媒体通信和交互式视像业务。

FTTX 是一种光纤到楼、光纤到路边、以太网到用户的接入方式。它为用户提供了可靠性很高的宽带保证，可平滑升级实现百兆到家庭而不用重新布线，完全实现多媒体通信和交互式视像等业务。

1. ADSL 接入技术

ADSL 是一种利用现有的传统电话线路高速传输数字信息的技术。该技术大部分带宽用来传输下行信号（即用户从网上下载信息），而只使用一小部分带宽来传输上行信号（即接收用户上传的信息），这样就出现了所谓不对称的传输模式。ADSL 系统结构如图 4-3 所示，它是在一对普通铜线两端各加装一台 ADSL 局端设备和远端设备而构成的。它除了向用户提供普通电话业务外，还能向用户提供一个中速双工数据通信通道和一个高速单工下行数据传送通道。

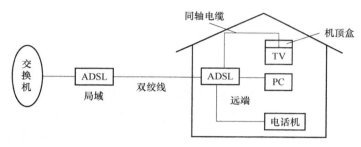

图 4-3　ADSL 系统结构

ADSL 采用了一种离散多音频（Discrete Multi Tone，DMT）调制技术。电话电缆的频带共 1104kHz，分成 256 个独立的信道，每个信道的带宽为 4kHz，各信道中心频率之间间隔为 4312.5Hz。0 号信道用于普通模拟电话通信，1~5 号信道未被使用，以便将模拟电话信号与数据信号隔离，避免相互干扰。剩下的 250 个信道中，一小部分用于上行数据的传输，大部分用于下行数据传输，多少信道用于上行、下行由提供该项业务的运营商确定。

ADSL 采用先进的数字信号处理技术、编码调制技术，使得在双绞线上可以支持高达每秒百万比特的速率。但是由于双绞线自身的特性，包括线路上的背景噪声、脉冲噪声、线路的插入损耗、线路间的串扰、线路的桥接抽头、线路接头和线路绝缘等因素将影响线缆的传输距离。

2. 光纤接入技术

随着社会经济发展和技术进步，用户对互联网接入和企业内部网络的带宽要求及服务质量要求越来越高，传统的接入方式由于存在接入带宽有限、传输距离短和传输质量差等问题，已越来越不能满足用户的需求。因此，带宽高、扩展性好、运维成本低的光纤接入技术正成为电信领域的热点，受到国内外运营商的广泛关注，成为用户接入的重要手段。

光纤接入网或称光接入网（Optical Access Network，OAN）是采用光传输技术的接入网，指局端与用户之间完全以光纤作为传输媒介。光纤通信不同于有线电通信，后者是利用金属媒介传输信号，光纤通信则是利用透明的光纤传输光波。虽然光和电都是电磁波，但频率范围相差很大。由于光纤接入网使用的传输媒介是光纤，因此根据光纤深入用户群的程度，可将光纤接入网分为 FTTC（光纤到路边）、FTTZ（光纤到小区）、FTTB（光纤到大楼）、FTTO（光纤到办公室）和 FTTH（光纤到户），它们统称为 FTTx。FTTx 不是具体的接入技术，而是光纤在接入网中的推进程度或使用策略。光接入网的基本结构示意图如图 4-4 所示，在光接入网中传输的是光信号。如果网络侧和用户侧的设备接口是电接口，则信号在光接入网中传输时需要进行光/电、电/光转换；如果设备接口是光接口，则设备可直接与光接入网相连。

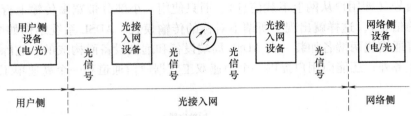

图 4-4 光纤接入网

光纤接入网具有以下特点：

1）带宽高。由于光纤接入网本身的特点，可以提供高速接入因特网、ATM 以及电信宽带 IP 网的各种应用系统，从而可享宽带网提供的各种宽带业务。

2）网络的可升级性能好。光纤网易于通过技术升级成倍扩大带宽，因此，光纤接入网可以满足近期各种成熟的应用系统，并拥有分布最广的享用窄带交换业务的用户群。

3）双向传输。电信网本身的特点决定了这种组网方式的交互性能好这一优点，特别是在向用户提供双向实时业务方面具有明显的优势。

4）接入简单、费用少。用户端很容易高速接入因特网，完成局域网到桌面的接入。

光纤接入网从技术上可分为两大类：有源光网络（Active Optical Network，AON）和无源光网络（Passive Optical Network，PON）。有源光网络又可分为基于同步数字系列（Synchronous Digital Hierarchy，SDH）的 AON 和基于准同步数字系列（Plesiochronous Digital Hierarchy，PDH）的 AON；无源光网络又可分为窄带 PON 和宽带 PON。

AON 从局端设备到用户分配单元之间均用有源光纤传输设备，即光电转换设备、有源光电器件以及光纤等。AON 实际上就是以 SDH 或 PDH 光纤传输系统为传输平台的光纤数字环路载波（Digital Loop Carrier，DLC）系统。AON 由 DLC 局端机、DLC 远端机以及光传输系统、光线路终端（Optical Line Terminal，OLT）几部分组成。

有源光纤网络的局端设备（Customer Equipment，CE）和远端设备（Remote Equipment，RE）通过有源光传输设备相连，传输技术是骨干网中已大量采用的 SDH 和 PDH 技术，但以 SDH 技术为主。远端设备主要完成业务的收集、接口适配、复用和传输功能。局端设备主要完成接口适配、复用和传输功能。此外，局端设备还向网元管理系统提供网管接口。在实际接入网建设中，有源光网络的拓扑结构通常是环形，如图 4-5 所示。

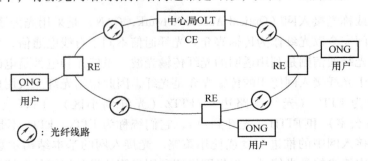

图 4-5 环形有源光网络拓扑结构

环形结构是指所有节点共用一条光纤环链路，光纤链路首尾相连接自成封闭回路的网络结构，属于点对多点配置，这种闭合的总线结构改进了网络的可靠性。环形结构的突出优点是可实现自愈功能，缺点是连接性能差，因为也是共享传输介质，所以通常应用于较少用户的接入中，而且故障率较高，故障影响面广，只要光纤一断，整个网络就中断了。

星形结构的光纤接入中，用户终端通过一个位于中央节点（设在端局内）具有控制和交换功能的星形耦合器进行信息交换。

有源光网络具有以下技术特点：

1）传输容量大。目前用在接入网的 SDH 传输设备一般提供 155Mbit/s 或 622Mbit/s 的接口，有的甚至提供 2.5Gbit/s 的接口。将来只要有足够业务量需求，传输带宽还可以增加，光纤的传输带宽潜力相对接入网的需求而言几乎是无限的。

2）传输距离远。在不加中继设备的情况下，传输距离可达 70~80km。

3）用户信息隔离度好。有源光网络的网络拓扑结构无论是星形还是环形，从逻辑上看，用户信息的传输方式都是点到点的方式。

4）技术成熟。无论是 SDH 还是 PDH 设备，均已在电信网中大量使用。

5）由于 SDH/PDH 技术在骨干传输网中大量使用，有源光接入设备的成本已大大下降，但接入网与其他接入技术相比，成本还是比较高。

无源光网络是光纤接入网中的一种，它基于一点到多点的拓扑结构，可传送双向交互式业务，并可根据需要灵活地进行升级。如图 4-6 所示，这种光纤接入网就是无源光网络，图中 OLT 为光线路终端，ODN 为光配线网，ONU 为光网络单元。OLT 为 ODN 提供网络接口并连接一个或多个 ODN，ODN 为 OLT 和 ONU 提供传输手段。

"无源"的关键是在光传输过程中没有使用任何有源电子设备的光接入网，正因为此"无源"特性，使得这种纯介质网络可以避免外部设备的电磁干扰和雷电影响，减少线路和外部设备故障率，提高系统可靠性，同时减少维护成本。

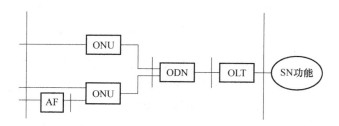

图 4-6　无源光网络

3. HFC 接入技术

（1）HFC 概述

HFC 是光纤和同轴电缆相结合的混合网络。HFC 通常由光纤干线、同轴电缆支线和用户配线网络三部分组成，从有线电视台出来的节目信号先变成光信号在干线上传输，到用户区域后把光信号转换成电信号，经分配器分配后通过同轴电缆送到用户。它与早期 CATV 同轴电缆网络的不同之处主要在于，在干线上用光纤传输光信号，在前端需完成电—光转换，进入用户区后要完成光—电转换。

HFC 的主要特点：传输容量大，易实现双向传输，从理论上讲，一对光纤可同时传送

150 万路电话或 2000 套电视节目；频率特性好，在有线电视传输带宽内无需均衡；传输损耗小，可延长有线电视的传输距离，25km 内无需中继放大；光纤间不会有串音现象，不怕电磁干扰，能确保信号的传输质量。同传统的 CATV（有线电视）网络相比，其网络拓扑结构也有些不同：①光纤干线采用星形或环状结构；②支线和配线网络的同轴电缆部分采用树状或总线式结构；③整个网络按照光节点划分成一个服务区，这种网络结构可满足为用户提供多种业务服务的要求。随着数字通信技术的发展，特别是高速宽带通信时代的到来，HFC 已成为现在和未来一段时期内宽带接入的最佳选择，因而 HFC 又被赋予新的含义，特指利用混合光纤同轴缆线来进行双向宽带通信的 CATV 网络。

（2）HFC 的拓扑结构

与传统 CATV 网相比，HFC 网络结构无论从理论上还是逻辑拓扑上都有重大变化。现代 HFC 网基本上是星形总线结构，如图 4-7 所示，由三部分组成，即馈线网、配线网和用户引入线，其结构很像电话网中的 DLC（数字环路载波），其服务区类似于电话网中的配线区，区别在于 HFC 网服务区内仍基本保留着传统 CATV 网的树形-分支型同轴电缆网（总线式），而不是星形的对绞线铜缆网。

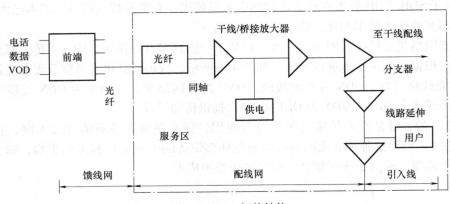

图 4-7　HFC 拓扑结构

1）馈线网。HFC 的馈线网指前端至服务区（SA）的光纤节点之间的部分，对应 CATV 网的干线段，区别在于从前端至每一服务区的光纤节点，都有一专有的直接的无源光纤连接，即用一根单模光纤代替了传统的粗大干线电缆和一连串几十个有源干线放大器。

2）配线网。配线网指服务区光纤节点与分支点之间的部分，相当于电话网中远端节点与分线盒之间的部分。在 HFC 网中，配线网部分采用与传统 CATV 网基本相同的同轴电缆网，很多情况是简单的总线结构，但其覆盖范围则大大扩展，因此仍需保留几个干线或桥接放大器。这一部分的好坏往往决定了整个 HFC 网的业务量和业务类型。采用服务区的概念可灵活地构成与电话网类似的拓扑，从而降低双向业务成本。

3）用户引入线。用户引入线是指分支点到用户之间的线路，与传统 CATV 网完全相同。

（3）HFC 的发展

HFC 网络系统是介于全光纤网络和早期 CATV 同轴电缆网络之间的一个系统，它具有频带宽、用户多、传输速率高、灵活性和扩展性强及经济实用的特点，为实现宽带综合信息双向传输提供了可能。对有些电信服务供应商来说，采用 HFC 技术向居民住宅和小型商务机构提供融合了数据和视频业务的综合服务具有相当大的诱惑力。HFC 接入网的主要业务功能有以下几种：

1）传统业务。如模拟广播电视、视频广播等。

2）高速数据业务。如基于 IP 的宽带接入、中小型用户局域网连接 Internet 等。

3）IP 话音/IP 视频业务。

4）其他增值业务。如远程教学、远程医疗、虚拟专网、视频点播、电视会议、远程办公、数字电视，提供校区内综合信息资源的共享通道、闭路电视监控系统图像的传输、访客对讲系统连网信息的传输、防盗报警信息的传输、公共设备信息的传输、车辆管理信息传递等。

4. 三网融合

三网融合是指电信网、计算机网和有线电视网三大网络通过技术改造，能够提供包括语音、数据、图像等综合多媒体的通信业务，如图 4-8 所示。三网融合是一种广义的、社会化的说法，在现阶段它并不意味着电信网、计算机网和有线电视网三大网络的物理合一，而主要是指高层业务应用的融合，其表现为技术上趋向一致，网络层上可以实现互联互通形成无缝覆盖，业务层上互相渗透和交叉，应用层上趋向使用统一的 IP，在经营上互相竞争、互相合作，朝着向人类提供多样化、多媒体化、个性化服务的同一目标逐渐交汇在一起，行业管制和政策方面也逐渐趋向统一。

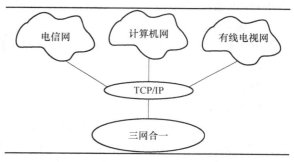

图 4-8 三网融合示意图

智能建筑的三网融合更多是指在同一个网络上实现音频、数据和视频的传送，通俗的来说就是客户端用户可以在单一的网络中实现打电话、办公业务数据交流和视频的浏览。智能建筑三网合一的基本含义，即表现为三网在技术上趋向一致，网络层上可以实现互联互通，业务层上相互渗透和交叉，应用层上趋向统一。三网合一不仅使语音、数据和图像这三大基本业务的界限逐渐消失，也使网络层和业务层的界面变得模糊，各种业务层和网络层正走向功能乃至物理上的融合，整个网络正在向下一代的融合网络演进。

实现三网融合，依托的主要技术有三项，即数字处理技术、光纤通信技术和 IP 传输技术。

1）数字处理技术。语音、图像等信息源都是模拟量，只有对这类模拟信号进行数字化处理，才有可能充分利用计算机科学与技术的所有成果，完成信息的发送、传输、接收、再现和存储。一台数字电视机，与其叫它电视机，不如叫它计算机，因为它的功能更大程度上是一台计算机，具有信息处理的能力。

2）光纤通信技术。光纤作为传输介质，具有高带宽、低损耗、抗电磁干扰的特点。只有基于光纤的通信网络才能满足"三网融合"不断增长的带宽需求。

3）IP 传输技术。IP 传输技术即分组交换或包交换技术，使信息网络的互联性、可靠性、坚固性比传统电路交换技术更优，同时使传输成本更低。基于 IP 的网络，能充分利用因特网已经取得的技术成就，构造和实现多对多的、极为简便的信息通信网。

4.2 移动通信室内信号覆盖系统

1. 移动通信系统

随着科学技术的发展和人们对于通信质量要求的不断提高，移动通信经过了迅猛的发展，从最初的单向通信系统——无线寻呼系统到双向通信系统，即模拟通信系统——第一代移动通信（1G）系统，模拟通信的缺点使得人们追求更好的通信技术，从模拟化向数字化发展，第二代移动通信（2G）系统应运而生。由于 Internet 的发展，为浏览网页、电子商务和电话会议等服务提供了极大的便利，从而使得人们对于移动通信提出了更高的要求。第三代移动通信（3G）在 20 世纪 80 年代末提出时倍受关注，目前 3G 系统已不能满足用户对移动通信系统的速率要求，不能充分满足移动流媒体通信（视频）的完全需求，没有达成全球统一的标准等。第四代移动通信（4G）技术称为宽带接入和分布网络，具有非对称的超过 2Mbit/s 的数据传输能力。它包括宽带无线固定接入、宽带无线局域网、移动宽带系统和交互式广播网络。

第五代移动电话行动通信标准，也称第五代移动通信（5G）技术，由于物联网相关产业的快速发展，其对网络速度有着更高的要求，这无疑成为推动 5G 网络发展的重要因素。全球各地均在大力推进 5G 网络。

移动通信具有以下特点：

1）无线电波传播环境复杂。电磁波在传播时不仅有直射波信号，还有经地面、建筑群等产生的反射、折射、绕射传播，从而产生多径传播引起的快衰落、阴影效应引起的慢衰落。移动台在移动时既受到环境噪声的干扰，又有系统干扰。

2）用户的移动性。用户的移动性和移动的不可预知性，要求系统有完善的管理技术对用户的位置进行登记、跟踪，不因位置改变中断通信。

3）频率资源有限。国际电信联盟（ITU）对无线频率的划分有严格规定，要设法提高系统的频率利用率。

2. 室内移动通信覆盖系统

室内移动通信覆盖系统将基站的信号通过有线的方式直接引入到室内的每一个区域，再通过小型天线将基站信号发送出去，同时也将接收到的室内信号放大后送到基站，如图 4-9 所示，从而消除室内覆盖盲区，保证室内区域拥有理想的信号覆盖，为楼内的移动通信用户提供稳定、可靠的室内信号，整体提高移动网络的服务水平。

（1）需要设置移动通信室内覆盖系统的场所

1）室内盲区。如新建大型建筑、停车场、办公楼、宾馆和公寓等。

2）话务量高的大型室内场所。如车站、机场、商场、体育馆、购物中心等，增加微蜂窝建立分层结构。

3）发生频繁切换的室内场所。如高层建筑的顶部，收到多个基站的功率近似的信号。

（2）室内覆盖系统的组成

室内覆盖系统主要由信号源和信号分布系统两部分组成。室内覆盖系统的实现方式根据信号源可分为微蜂窝接入方式、宏蜂窝接入方式、直放站接入方式三种。

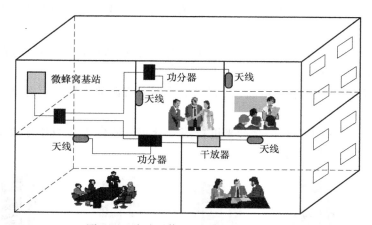

图 4-9　移动通信室内覆盖系统示意图

微蜂窝方式的通话质量比宏蜂窝方式要高出许多，将微蜂窝安置在宏蜂窝的"热点"上，具有增加网络容量与质量的效果。但微蜂窝在室内使用时，受建筑物结构的影响，使其覆盖受到很大限制。

宏蜂窝方式的主要优势在于成本低、工程施工方便，并且占地面积小，其弱点是对宏蜂窝无线指标尤其是掉话率的影响比较明显。目前，采用选频直放站并增加宏蜂窝的小区切换功能可以缓解这一矛盾，当对应的宏蜂窝频率发生变化时，直放站选频模块需要做相应调整。

在室外站存在富余容量的情况下，通过直放站将室外信号引入室内的覆盖盲区。直放站以其灵活简易的特点成为解决简单问题的重要方式。直放站不需要基站设备和传输设备，安装简便灵活，如图 4-10 所示，通过直放站的施主天线直接从附近基站提取信号。

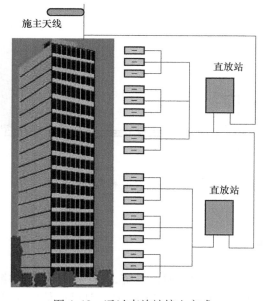

图 4-10　通过直放站接入方式

信号分布系统可分为无源天馈分布方式、有源分布方式、光纤分布方式和泄漏电缆分布方式。

1) 无源天馈分布方式：通过无源器件和天线、馈线，将信号传送和分配到室内所需环境，以得到良好的信号覆盖。

2) 有源分布方式：通过有源器件（有源集线器、有源放大器、有源功分器、有源天线等）和天馈线进行信号放大和分配。

3) 光纤分布方式：主要利用光纤来进行信号分布，适合于大型和分散型室内环境的主路信号的传输，如图 4-11 所示。

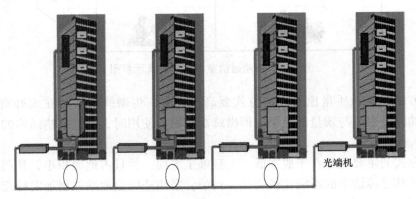

图 4-11　光纤分布方式

4) 泄漏电缆分布方式：信号源通过泄漏电缆传输信号，并通过电缆外导体的一系列开口，在外导体上产生表面电流，从而在电缆开口处横截面上形成电磁场，这些开口就相当于一系列的天线起到信号的发射和接收作用，如图 4-12 所示。它适用于隧道、地铁、长廊等地形。

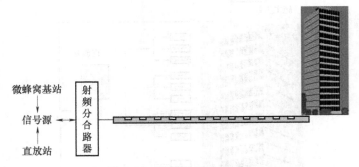

图 4-12　泄漏电缆分布方式

4.3　卫星通信系统

卫星通信系统实际上也是一种微波通信系统，它以卫星作为中继站转发微波信号，在多个地面站之间通信。卫星通信系统如图 4-13 所示，卫星通信的主要目的是实现对地面的覆盖，由于卫星工作于几百、几千甚至上万 km 的轨道上，因此覆盖范围远大于一般的移动通信系统。

卫星通信系统由卫星端、地面端、用户端三部分组成。卫星端在空中起中继站的作用，即把地面站发上来的电磁波放大后再返送回另一地面站。卫星星体又包括两大子系统：星载设备和卫星母体。地面站则是卫星系统与地面公众网的接口，地面用户也可以通过地面站出入卫星系统形成链路。地面站还包括地面卫星控制中心及其跟踪、遥测和指令站。用户端即是各种用户终端。

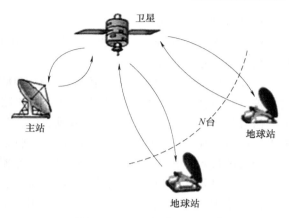

图 4-13 卫星通信系统图

1. 卫星通信的特点

卫星通信是现代通信技术的重要成果，它是在地面微波通信和空间技术的基础上发展起来的。与电缆通信、微波中继通信、光纤通信、移动通信等通信方式相比，卫星通信具有下列特点：

1）卫星通信覆盖区域大，通信距离远。因为卫星距离地面很远，一颗地球同步卫星便可覆盖地球表面的1/3，所以利用3颗适当分布的地球同步卫星即可实现除两极以外的全球通信。卫星通信是目前远距离越洋电话和电视广播的主要手段。

2）卫星通信具有多址联接功能。卫星所覆盖区域内的所有地球站都能利用同一卫星进行相互间的通信，即多址联接。

3）卫星通信频段宽，容量大。卫星通信采用微波频段，每个卫星上可设置多个转发器，故通信容量很大。

4）卫星通信机动灵活。地球站的建立不受地理条件的限制，可建在边远地区、岛屿、汽车、飞机和舰艇上。

5）卫星通信质量好，可靠性高。卫星通信的电波主要在自由空间传播，噪声小，通信质量好。就可靠性而言，卫星通信的正常运转率达 99.8% 以上。

6）卫星通信的成本与距离无关。地面微波中继系统或电缆载波系统的建设投资和维护费用都随距离的增加而增加，而卫星通信的地球站至卫星转发器之间并不需要线路投资。

但卫星通信也有不足之处，主要表现在以下几方面：

1）传输时延大。在地球同步卫星通信系统中，通信站到同步卫星的距离最大可达 40000km，路经地球站→卫星→地球站（称为一个单跳）的传播时间约需 0.27s。如果利用卫星通信打电话的话，由于两个站的用户都要经过卫星，因此，打电话者要听到对方的回答必须额外等待 0.54s。

2）回声效应。在卫星通信中，由于电波来回传播需 0.54s，因此产生了讲话之后的"回声效应"。为了消除这一干扰，卫星电话通信系统中需增加一些专门用于消除或抑制回声干扰的设备。

3）存在通信盲区。把地球同步卫星作为通信卫星时，由于地球两极附近区域"看不见"卫星，因此不能利用地球同步卫星实现对地球两极的通信。

2. 卫星通信的分类

按照工作轨道区分，卫星通信系统一般分为低轨道卫星通信系统、中轨道卫星通信系统、高轨道卫星通信系统。

1）低轨道卫星通信系统：距地面 500~2000km，传输时延和功耗都比较小，但每颗星的覆盖范围也比较小，典型系统有 Motorola 的铱星系统。低轨道卫星通信系统由于卫星轨道低，信号传播时延短，所以可支持多跳通信；其链路损耗小，可以降低对卫星和用户终端的要求，可以采用微型/小型卫星和手持用户终端。但是低轨道卫星通信系统也为这些优势付出了较大的代价：由于轨道低，每颗卫星所能覆盖的范围比较小，要构成全球系统需要数十颗卫星，如铱星系统有 66 颗卫星、Globalstar 有 48 颗卫星、Teledisc 有 288 颗卫星。同时，由于低轨道卫星的运动速度快，对于单一用户来说，卫星从地平线升起到再次落到地平线以下的时间较短，所以卫星间或载波间切换频繁。因此，低轨系统的系统构成和控制复杂，技术风险大，建设成本也相对较高。

2）中轨道卫星通信系统：距地面 2000~20000km，传输时延要大于低轨道卫星，但覆盖范围也更大，典型系统是国际海事卫星系统。中轨道卫星通信系统可以说是同步卫星系统和低轨道卫星系统的折衷，中轨道卫星系统兼有这两种方案的优点，同时又在一定程度上克服了这两种方案的不足之处。中轨道卫星的链路损耗和传播时延都比较小，仍然可采用简单的小型卫星。如果中轨道和低轨道卫星系统均采用星际链路，当用户进行远距离通信时，中轨道系统信息通过卫星星际链路子网的时延将比低轨道系统低。而且，由于其轨道比低轨道卫星系统高许多，每颗卫星所能覆盖的范围比低轨道系统大得多，当轨道高度为 10000km 时，每颗卫星可以覆盖地球表面的 23.5%，因而只要几颗卫星就可以覆盖全球。若有十几颗卫星就可以提供对全球大部分地区的双重覆盖，这样可以利用分集接收来提高系统的可靠性，同时系统投资要低于低轨道系统。因此，从一定意义上说，中轨道系统可能是建立全球或区域性卫星移动通信系统较为优越的方案。

3）高轨道卫星通信系统：距地面 35800km，即同步静止轨道。理论上，用 3 颗高轨道卫星即可以实现全球覆盖。传统的同步轨道卫星通信系统的技术最为成熟，自从同步卫星被用于通信业务以来，用同步卫星来建立全球卫星通信系统已经成为了建立卫星通信系统的传统模式。但是，同步卫星有一个不可克服的障碍，就是较长的传播时延和较大的链路损耗，严重影响到它在某些通信领域的应用，特别是在卫星移动通信方面的应用。目前，同步轨道卫星通信系统主要用于甚小孔径终端（Very Small Aperture Terminal，VSAT）系统和电视信号转发等，较少用于个人通信。

3. VSAT 系统

VSAT 卫星通信系统由空间和地面两部分组成，如图 4-14 所示。VSAT 卫星通信系统的空间部分就是卫星，一般使用地球静止轨道通信卫星，卫星可以工作在不同的频段。星上转发器的发射功率应尽量大，以使 VSAT 地面终端的天线尺寸尽量小。VSAT 卫星通信系统的地面部分由中枢站、远端站和网络控制单元组成，其中中枢站的作用是汇集卫星来的数据然后向各个远端站分发数据，远端站是卫星通信网络的主体，VSAT 卫星通信网就是由许多远端站组成的，这些站越多每个站分摊的费用就越低。一般远端站直接安装于用户处，与用户的终端设备连接。

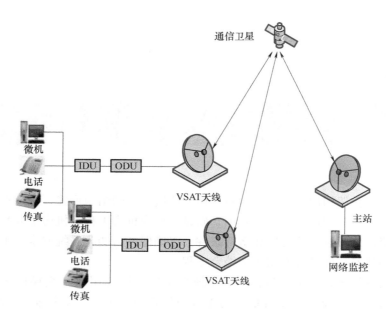

图 4-14   VSAT 系统

VSAT 的应用：VSAT 站能很方便地组成不同规模、不同速率、不同用途的灵活而经济的网络系统。一个 VSAT 网一般能容纳 200~500 个站，有广播式、点对点双向交互式、收集式等应用形式。它既可以应用于发达国家，也适用于技术不发达和经济落后的国家，尤其适用于那些地形复杂、不便架线和人烟稀少的边远地区。因为它可以直接装备到个人，所以在军事上也有重要的意义。

第5章

机房工程

智能建筑的工程架构规划分项按设施架构整体层次化的结构形式，分别有基础设施、信息服务设施及信息化应用设施分项。其中基础设施包含机房工程，机房工程是指为提供机房内各智能化系统设备及装置的安置和运行条件，以确保各智能化系统安全、可靠和高效地运行与便于维护的建筑功能环境而实施的综合工程。

智能建筑信息设施系统机房包含电话交换系统的电话（用户）交换机房、通信接入系统的通信设备机房、无线信号覆盖系统的无线通信机房、公共广播控制室和信息网络机房（数据中心）等。各机房规模不同，但机房设计原则方法相同，在选址及设备布置、环境要求、网络与布线等设计时均要遵循电子信息机房的相关规范标准，本章以机房工程中功能设施要求最高的数据中心为例介绍机房建设。

数据中心包括政府数据中心、企业数据中心、金融数据中心、互联网数据中心、云计算数据中心和外包数据中心等。数据中心是以建筑空间为电子信息设备提供运行环境的场所，不包括室外以集装箱、车辆和船舶等设施为电子信息设备提供运行环境的场所。数据处理包括数据计算、存储和交换和传输等。对于面积较大的主机房，还可按不同功能或不同用户的设备进行区域划分，如服务器设备区、网络设备区、存储设备区、甲用户设备区和乙用户设备区等。

数据中心是为集中放置的电子信息设备提供运行环境的建筑场所，可以是一栋或几栋建筑物，也可以是一栋建筑物的一部分，包括主机房、辅助区、支持区和行政管理区等。电子信息设备是对电子信息进行采集、加工、运算、存储、传输和检索等处理的设备，包括服务器、交换机、存储设备等。

主机房是主要用于数据处理设备安装和运行的建筑空间，包括服务器机房、网络机房和存储机房等功能区域。辅助区是用于电子信息设备和软件的安装、调试、维护、运行监控和管理的场所，包括进线间、测试机房、总控中心、消防和安防控制室、拆包区、备件库、打印室和维修室等区域。支持区是为主机房、辅助区提供动力支持和安全保障的区域，包括变配电室、柴油发电机房、电池室、空调机房、动力站房、不间断电源系统用房和消防设施用房等。行政管理区是用于日常行政管理及客户对托管设备进行管理的场所，包括办公室、门厅、值班室、盥洗室、更衣间和用户工作室等。

总控中心是为数据中心各系统提供集中监控、指挥调度、技术支持和应急演练的平台，也可称为监控中心。数据中心基础设施管理系统通过持续收集数据中心的资产、资源信息，以及各种设备的运行状态，分析、整合和提炼有用数据，帮助数据中心运行维护人员管理数据中心，并优化数据中心的性能。

5.1　分级与性能要求

5.1.1　分级

　　数据中心的使用性质主要是指数据中心所处行业或领域的重要性，最主要的衡量标准是由于基础设施故障造成网络信息中断或重要数据丢失在经济和社会上造成的损失或影响程度。随着电子信息技术的发展，各行各业对数据中心的建设提出了不同的要求，从数据中心的使用性质和数据丢失或网络中断在经济或社会上造成的损失或影响程度，将数据中心划分为 A、B、C 三级。A 级为"容错"系统，可靠性和可用性等级最高；B 级为"冗余"系统，可靠性和可用性等级居中；C 级为满足基本需要，可靠性和可用性等级最低。数据中心按照哪个等级标准进行建设，应由建设单位根据数据丢失或网络中断在经济或社会上造成的损失或影响程度确定，同时还应综合考虑建设投资。等级高的数据中心可靠性提高，但投资也相应增加。

　　符合下列情况之一的数据中心应为 A 级：

　　1）电子信息系统运行中断将造成重大的经济损失。

　　2）电子信息系统运行中断将造成公共场所秩序严重混乱。

　　A 级数据中心一般有金融行业、国家气象台、国家级信息中心、重要的军事部门、交通指挥调度中心、广播电台、电视台、应急指挥中心、邮政、电信等行业的数据中心及企业认为重要的数据中心。

　　符合下列情况之一的数据中心应为 B 级：

　　1）电子信息系统运行中断将造成较大的经济损失。

　　2）电子信息系统运行中断将造成公共场所秩序混乱。

　　B 级数据中心一般有科研院所、高等院校、博物馆、档案馆、会展中心、政府办公楼等的数据中心。不属于 A 级或 B 级的数据中心应为 C 级。

　　在同城或异地建立灾备数据中心时，灾备数据中心宜与主用数据中心等级相同。灾备数据中心是用于灾难发生时，接替生产系统运行，进行数据处理和支持关键业务功能继续运作的场所，包括限制区、普通区和专用区。当灾备数据中心与主用数据中心数据实时传输备份、业务满足连续性要求时，灾备数据中心的等级可与主用数据中心等级相同，也可低于主用数据中心的等级。

　　数据中心基础设施各组成部分宜按照相同等级的技术要求进行设计，也可按照不同等级的技术要求进行设计。基础设施由建筑、结构、空调、电气、网络、布线、给水排水等部分组成，当各组成部分按照不同等级进行设计时，数据中心的等级按照其中最低等级部分确定。例如，电气按照 A 级技术要求进行设计，而空调按照 B 级技术要求进行设计，则此数据中心的等级为 B 级。

5.1.2　性能要求

　　A 级数据中心的基础设施宜按容错系统配置，意外事故包括操作失误、设备故障、正常电源中断等，一般按照发生一次意外事故做设计，不考虑多个意外事故同时发生。在电子信息系统运行期间，基础设施应在一次意外事故后或单系统设备维护或检修时仍能保证电子信息系统正常运行。A级数据中心涵盖B级和C级数据中心的性能要求，且比B级和C级数据中心的性能要求更高。

A级数据中心同时满足下列要求时，电子信息设备的供电可采用不间断电源系统和市电电源系统相结合的供电方式。

1）设备或线路维护时，应保证电子信息设备正常运行。

2）市电直接供电的电源质量应满足电子信息设备正常运行的要求。

3）市电接入处的功率因数应符合当地供电部门的要求。

4）柴油发电机系统应能够承受容性负载的影响。

5）向公用电网注入的谐波电流分量（方均根值）不应超过现行国家标准规定的谐波电流允许值。

B级数据中心的基础设施应按冗余要求配置，在电子信息系统运行期间，基础设施在冗余能力范围内，不应因设备故障而导致电子信息系统运行中断。

C级数据中心的基础设施应按基本需求配置，在基础设施正常运行情况下，应保证电子信息系统运行不中断。

5.2 选址及设备布置

5.2.1 选址

在保证电力供给、通信畅通、交通便捷的前提下，数据中心的建设应选择气候环境温度相对较低的地区，这样有利于降低能耗。

电子信息系统受粉尘、有害气体、振动冲击和电磁场干扰等因素影响时，将导致运算差错、误动作，以及机械部件磨损、腐蚀、使用寿命缩短等。数据中心位置选择应尽可能远离产生粉尘、有害气体、强振源、强噪声源等场所，并避开强电磁场干扰。对数据中心选址地区的电磁场干扰强度不能确定时，需做实地测量，电磁场干扰强度高时，应采取屏蔽措施。

水灾隐患区域主要是指江、河、湖、海岸边，A级数据中心的防洪标准应按100年重现期考虑，B级数据中心的防洪标准应按50年重现期考虑。在园区内选址时，数据中心不应设置在园区低洼处。

大中型数据中心是指主机房面积大于200m^{2}的数据中心。由于空调系统的冷却塔或室外机组工作时噪声较大，如果数据中心位于住宅小区内或距离住宅太近，噪声将对居民生活造成影响。居民小区和商业区内人员密集，也不利于数据中心的安全运行。设置在建筑物内局部区域的数据中心，有以下因素影响主机房位置的确定：

1）设备运输：主要是冷冻、空调、UPS、变压器和高低压配电等大型设备的运输，运输线路应尽量短。

2）管线敷设：管线主要有电缆和冷媒管，敷设线路应尽量短。

3）雷电感应：为减少雷击造成的电磁感应侵害，主机房宜选择在建筑物低层中心部位，并尽量远离建筑物外墙结构柱子（其柱内钢筋作为防雷引下线）。

4）结构荷载：由于主机房的活荷载标准值远远大于建筑的其他部分，从经济角度考虑，主机房宜选择在建筑物的低层部位。

5）水患：数据中心不宜设置在地下室的最底层。当设置在地下室的最底层时，应采取措施，防止管道泄漏、消防排水等水渍损失。

6）机房专用空调的主机与室外机在高差和距离上均有使用要求，因此在确定主机房位置时，应考虑机房专用空调室外机的安装位置。

5.2.2 组成与设备布置

数据中心的组成应根据系统运行特点及设备具体要求确定，宜由主机房、辅助区、支持区和行政管理区等功能区组成；也可根据具体情况确定，在各类房间中选择组合。对于受到条件限制的数据中心，在保证安全的条件下，也可以一室多用。

数据中心各组成部分的使用面积应根据工艺布置确定，主机房的使用面积应根据电子信息设备的数量、外形尺寸和布置方式确定，并应预留今后业务发展需要的使用面积。主机房的使用面积可按式（5-1）确定。

$$A = SN \tag{5-1}$$

式中，A 是主机房的使用面积（m^2）；S 是单台机柜（架）、大型电子信息设备和列头柜等设备占用面积，可取 $2.0 \sim 4.0 m^2 /$ 台；N 是主机房内所有机柜（架）、大型电子信息设备和列头柜等设备的总台数。

辅助区和支持区的面积之和可为主机房面积的 1.5~2.5 倍。用户工作室的使用面积可按 $4 \sim 5 m^2 /$ 人计算；硬件及软件人员办公室等有人长期工作的房间，使用面积可按 $5 \sim 7 m^2 /$ 人计算。

在对电子信息设备的具体情况不完全掌握时，可按下述方法计算面积。单台机柜（架）、大型电子信息设备和列头柜等设备占用的面积中包含了维修和通道的面积。大型电子信息设备是指无需放入机柜（架），直接安装在主机房地板上的电子信息设备。

辅助区和支持区的面积主要与数据中心的等级、机柜功率密度、空调冷却方式等因素有关，当数据中心总建筑面积一定时，机柜功率密度越高，支持区需要的面积越大，主机房面积越小。

在灾难发生时，仍需保证电子信息业务连续性的单位，应建立灾备数据中心。灾备数据中心的组成应根据安全需求、使用功能和人员类别划分为限制区、普通区和专用区。

数据中心设备布置：各类设备应根据工艺设计进行布置，应满足系统运行、运行管理、人员操作和安全、设备和物料运输、设备散热、安装和维护的要求。各类设备包括服务器、存储设备、网络设备、机柜（架）、供配电设备、空调设备、给水排水设备、消防设备、监控设备等。设备布置应遵循近期建设规模与远期发展规划协调一致的原则，按照模块化的建设思路，根据数据中心的不同应用进行设备平面布置。容错系统中相互备用的设备应布置在不同的物理隔间内，相互备用的管线宜沿不同路径敷设。

对于前进风/后出风方式冷却的设备，要求设备的前面为冷区，后面为热区，这样有利于设备散热和节能。当机柜或机架成行布置时，要求机柜或机架采用面对面、背对背的方式。机柜或机架面对面布置形成冷通道，背对背布置形成热通道，冷热通道隔离更有利于节能。机柜自身结构采用封闭冷通道或封闭热通道方式（如机柜采用垂直排风管方式）可以避免气流短路，此时机柜布置可以采用其他方式。主机房内通道与设备间的距离应符合下列规定：

1）用于搬运设备的通道净宽不应小于 1.5m。

2）面对面布置的机柜（架）正面之间的距离不宜小于1.2m。

3）背对背布置的机柜（架）背面之间的距离不宜小于0.8m。

4）当需要在机柜（架）侧面和后面维修测试时，机柜（架）与机柜（架）、机柜（架）与墙之间的距离不宜小于1.0m。

5）成行排列的机柜（架），其长度超过6m时，两端应设有通道；当两个通道之间的距离超过15m时，在两个通道之间还应增加通道。通道的宽度不宜小于1m，局部可为0.8m。

5.3 环境要求

5.3.1 温度、露点温度及空气粒子浓度

主机房和辅助区内的温度、露点温度和相对湿度对电子信息设备的正常运行和数据中心节能非常重要。根据有关环境对印制电路板及电子元器件的影响研究表明，影响静电积累效应和空气中各种盐类粉尘潮解度的是空气含湿量，在气压不变的情况下，由于露点温度可以直接体现空气含湿量，因此采用露点温度更具有可操作性。

电子信息设备对温度、露点温度和相对湿度等参数的要求由电子信息设备生产企业按照生产标准确定，设计数据中心时，如明确知晓这些参数，则空调系统按照这些参数进行设计。当电子信息设备尚未确定时，应根据项目的具体情况，按照规范的要求确定各项参数。表5-1列出了机房基本环境要求。

表5-1　机房基本环境要求

冷通道或机柜进风区域的温度	18～27℃	不得结露
冷通道或机柜进风区域的露点温度和相对湿度	露点温度5.5～15℃，同时相对湿度≤60%	
主机房环境温度和相对湿度（停机时）	5～45℃，8%～80%，同时露点温度≤27℃	
主机房和辅助区温度变化率	使用磁带驱动时　<5℃/h	
	使用磁盘驱动时　<20℃/h	
辅助区温度、相对湿度	开机时　18～28℃、35%～75%	
	停机时　5～35℃、20%～80%	
不间断电源系统电池室温度	20～30℃	
主机房空气粒子浓度	应<1760万粒	每立方米空气中粒径≥0.5μm的悬浮粒子数

主机房和辅助区内的温度、露点温度和相对湿度应满足电子信息设备的使用要求。18～27℃是目前世界各国生产企业对电子信息设备进风温度的最高要求，有利于各行各业根据自身情况选择数据中心的温度值，达到节能的目的。当机柜或机架采用冷热通道分离方式布置时，主机房的环境温度和露点温度应以冷通道的温度为准；当电子信息设备未采用冷热通道分离方式布置时，主机房的环境温度和露点温度应以机柜进风区域的温度为准。电子信息设备停机时，主机房也应该保持一定的环境温度和相对湿度。"停机"是指设备已经拆除包装

并安装，但未投入运行或停机维护阶段。

对于建设在海拔超过 1000m 的数据中心，最高环境温度应按海拔每增加 300m 降低 1℃ 进行设计。环境温度是影响电池容量及寿命的主要因素，按照通信行业标准的要求，普通铅酸蓄电池宜在环境温度 20～30℃ 的条件下使用。当采用其他类型的蓄电池时，环境温度可根据产品要求确定。由于空气中的悬浮粒子有可能导致电子信息设备内部发生短路等故障，为了保障重要的电子信息系统运行安全，应对数据中心主机房在静态或动态条件下的空气含尘浓度做出规定。根据国家标准的规定进行计算，每立方米空气中粒径 ≥ 0.5μm 的悬浮粒子数是 1760 万粒的空气洁净度等级为 8.7 级。主机房的空气含尘浓度在静态或动态条件下测试，悬浮粒子数应少于这一指标。

5.3.2　噪声、电磁干扰、振动及静电

主机房内无线电骚扰环境场强和工频磁场场强的极限数值主要参考如下：总控中心内，在长期固定工作位置测量的噪声值应小于 60dB（A）。主机房和辅助区内的无线电骚扰环境场强在 80～1000MHz 和 1400～2000MHz 频段范围内不应大于 130dB（μV/m）；工频磁场场强不应大于 30A/m。在电子信息设备停机条件下，主机房地板表面垂直及水平向的振动加速度不应大于 $500mm/s^2$。主机房和辅助区内绝缘体的静电电压绝对值不应高于 1kV。

5.4　建筑与结构

建筑平面和空间布局应具有灵活性，并应满足数据中心的工艺要求。用水和振动区域主要有卫生间、厨房、实验室和动力站等。电磁干扰源有电动机和电焊机等。当主机房在建筑布局上无法避免上述环境时，建筑设计应采取相应的保护措施。

主机房净高应根据机柜高度、管线安装及通风要求确定。新建数据中心时，主机房净高不宜小于 3.0m。当利用已有建筑改建数据中心时，由于某些建筑层高较低，主机房净高可适当降低，但不应小于 2.6m，此时机柜容量也应适当降低。

变形缝不宜穿过主机房。主机房和辅助区不应布置在用水区域的直接下方，不应与振动和电磁干扰源为邻。技术夹层包括吊顶上和活动地板下，当主机房中各类管线暗敷于技术夹层内时，建筑设计应为各类管线的安装和日常维护留有出入口。技术夹道主要用于安装设备（如精密空调）及各种管线，建筑设计应为设备的安装和维护留有空间。

新建 A 级数据中心的抗震设防类别不应低于乙类，B 级和 C 级数据中心的抗震设防类别不应低于丙类。新建 A 级数据中心首层建筑完成面应高出当地洪水百年重现期水位线 1.0m 以上，并应高出室外地坪最少 0.6m。数据中心的荷载应根据机柜的重量和机柜的布置，符合相关规范。由于数据中心的建筑是一次性建成，而电子信息设备是分期投入的，故要求建筑平面应具有灵活性，在后期基础设施的施工和安装过程中，不应影响前期电子信息设备的正常运行。在满足电子信息设备使用要求的前提下，还应综合考虑室内建筑空间比例的合理性以及对建设投资和日常运行费用的影响。

5.4.1　人流、物流及出入口

数据中心宜单独设置人员出入口和货物出入口，有人操作区域和无人操作区域宜分开布

置。数据中心内通道的宽度及门的尺寸应满足设备和材料的运输要求，建筑入口至主机房的通道净宽不应小于1.5m。数据中心可设置门厅、休息室、值班室和更衣间。更衣间使用面积可按最大班人数的1~3m²/人计算。

数据中心设置单独出入口的目的是为了避免人流物流的交叉，提高数据中心的安全性，减少灰尘被带入主机房。尤其是当数据中心位于其他建筑物内时，应采取措施，避免无关人员和货物进入数据中心。

主机房一般属于无人操作区，辅助区一般含有测试机房、总控中心、备件库、维修室和用户工作室等，属于有人操作区。设计规划时宜将有人操作区和无人操作区分开布置，以减少人员将灰尘带入无人操作区的机会。当需要运输设备时，主机房门的净宽不宜小于1.2m，净高不宜小于2.2m；当通道的宽度及门的尺寸不能满足设备和材料的运输要求时，应设置设备搬入口。在主机房入口处设换鞋更衣间，其目的是为了减少人员将灰尘带入主机房。是否设置换鞋更衣间，应根据项目的具体情况确定。条件不允许时，可将换鞋改为穿鞋套，将更衣间改为更衣柜。换鞋更衣间的面积应根据最大班时操作人员的数量确定。

5.4.2 围护结构热工设计和节能措施

数据中心围护结构的材料选型应满足保温、隔热、防火、防潮、少产尘等要求。外墙、屋面热桥部位的内表面温度不应低于室内空气露点温度。主机房不宜设置外窗。从保证数据中心安全、节能、洁净的角度出发，服务器机房、网络机房、存储机房等日常无人工作区域不宜设置外窗。当主机房设有外窗时，外窗的气密性不应低于《建筑外门窗气密、水密、抗风压性能分级及检测方法》（GB/T 7106—2008）规定的8级要求或采用双层固定式玻璃窗，外窗应设置外部遮阳，遮阳系数按《公共建筑节能设计标准》（GB 50189—2015）确定。不间断电源系统的电池室设有外窗时，应避免阳光直射。

总控中心、测试间等有人工作区域可以设置外窗，但应保证外窗有安全措施，有良好的气密性，防止空气渗漏和结露，满足热工要求。大量调查和测试表明，太阳辐射通过窗进入室内的热量将严重影响建筑室内热环境，增加建筑空调能耗。因此，减少窗的辐射传热是建筑节能中降低窗口得热的主要途径，应采取适当遮阳措施，防止直射阳光的不利影响。

5.4.3 室内装修

主机房室内装修应选用气密性好、不起尘、易清洁、符合环保要求、在温度和湿度变化作用下变形小、具有表面静电耗散性能的材料，不得使用强吸湿性材料及未经表面改性处理的高分子绝缘材料作为面层。主机房内墙壁和顶棚的装修应满足使用功能要求，表面应平整、光滑、不起尘、避免眩光，并应减少凹凸面。

当采用轻质构造顶棚做技术夹层时，宜设置检修通道或检修口。当主机房内设有用水设备时，应采取防止水漫溢和渗漏措施。门窗、墙壁、地（楼）面的构造和施工缝隙，均应采取密闭措施。当主机房顶板采用碳纤维加固时，应采用聚合物砂浆内衬钢丝网对碳纤维进行保护。

高分子绝缘材料是现代工程中广泛使用的材料，常用的工程塑料、聚酯包装材料、高分子聚合物涂料都是这类物质。其电气特性是典型的绝缘材料，有很高的阻抗，易聚集静电，因此在未经表面改性处理时，不得用于机房的表面装饰工程。但如果表面经过改性处理，如掺入碳粉等手段，使其表面电阻减小，从而不容易积聚静电，则可用于机房的表面装饰工程。

防静电活动地板的铺设高度应根据实际需要确定（在有条件的情况下，应尽量提高活动地板的铺设高度），当仅敷设电缆时，其高度一般为 250mm 左右；当既作为电缆布线，又作为空调静压箱时，可根据风量计算其高度，并应考虑布线所占空间，一般不宜小于 500mm。当机房面积较大，线缆较多时，应适当提高活动地板的高度。当电缆敷设在活动地板下时，为避免电缆移动导致地面起尘或划破电缆，地面和四壁应平整而耐磨；当同时兼作空调静压箱时，为减少空气的含尘浓度，地面和四壁应选用不易起尘和积灰、易于清洁且具有表面静电耗散性能的饰面涂料。

5.5　空气调节

电子信息设备在运行过程中产生大量热，这些热量如果不能及时排除，将导致机柜或主机房内温度升高，过高的温度将使电子元器件性能劣化、出现故障，或者降低使用寿命。此外，制冷系统投资较大、能耗较高、运行维护复杂。因此，空气调节系统设计应根据数据中心的等级，按规范的要求执行。采用合理可行的制冷系统，对数据中心的可靠性和节能具有重要意义。

数据中心与其他功能用房共建于同一建筑内时，主机房与其他房间宜分别设置空调系统。设置独立空调系统的原因：数据中心与其他功能用房对空调系统的可靠性要求不同，数据中心环境要求与其他功能用房的环境要求不同，空调运行时间不同，避免建筑物内其他部分发生事故（如火灾）时影响数据中心安全。

5.5.1　负荷计算与气流组织

电子信息设备和其他设备的散热量应根据设备实际用电量进行计算。空调系统的冷负荷主要是服务器等电子信息设备的散热。电子信息设备发热量大（耗电量中约 97% 都转化为热量），热密度高，夏天冷负荷大，因此数据中心的空调设计主要考虑夏季冷负荷。

主机房空调系统的气流组织形式应根据电子信息设备本身的冷却方式、设备布置方式、设备散热量、室内风速、防尘和建筑条件综合确定，并宜采用计算流体动力学（Computational Fluid Dynamics，CFD）对主机房气流组织进行模拟和验证。当电子信息设备对气流组织形式未提出特殊要求时，主机房气流组织形式、风口及送回风温差可按表 5-2 选用。

表 5-2　主机房气流组织形式、风口及送回风温差

气流组织形式	下送上回	上送上回（或侧回）	侧送侧回
送风口	1）活动地板风口（可带调节阀） 2）带可调多叶阀的格栅风口 3）其他风口	1）散流器 2）带扩散板风口 3）百叶风口 4）格栅风口 5）其他风口	1）百叶风口 2）格栅风口 3）其他风口
回风口	1）格栅风口　2）百叶风口　3）网板风口　4）其他风口		
送回风温差	8~15℃送风温度应高于室内空气露点温度		

在有人操作的机房内，送风气流不宜直对工作人员，以保证机房内操作人员身体健康。气流组织形式选用的原则是有利于电子信息设备的散热，建筑条件能够满足设备安装要求。

电子信息设备的冷却方式有风冷和水冷等，风冷有上部进风、下部进风、前进风后排风等。影响气流组织形式的因素还有建筑条件，包括层高和面积等。因此，气流组织形式应根据设备对空调系统的要求，结合建筑条件综合考虑。采用 CFD 气流模拟方法对主机房气流组织进行验证，可以事先发现问题，减少局部热点的发生，保证设计质量。

从节能的角度出发，机柜间采用封闭通道的气流组织方式，可以提高空调利用率；采用水平送风的行间制冷空调进行冷却，可以降低风阻。随着电子信息技术的发展，机柜的容量不断提高，设备的发热量将随容量的增加而加大，为了保证电子信息系统的正常运行，对设备的降温也将出现多种方式，各种方式之间可以相互补充。

5.5.2 系统设计

采用冷冻水空调系统的 A 级数据中心宜设置蓄冷设施，蓄冷设施有两个作用：

1）在两路电源切换时，冷水机组需重新起动，此时空调冷源由蓄冷装置提供。

2）供电中断时，电子信息设备由不间断电源系统设备供电，此时空调冷源也由蓄冷装置提供。

因此，蓄冷装置供应冷量的时间宜与不间断电源设备的供电时间一致。蓄冷装置提供的冷量包括蓄冷罐和相关管道内的蓄冷量及主机房内的蓄冷量。蓄冷时间应满足电子信息设备的运行要求。

控制系统、末端冷冻水泵、空调末端风机应由不间断电源系统供电；数据中心的风管及管道的保温、消声材料和粘结剂应选用非燃烧材料或难燃 B1 级材料，冷表面应做隔气和保温处理。

冷冻水供回水管路宜采用环形管网或双供双回方式。当水源不能可靠保证数据中心运行需要时，A 级数据中心也可采用两种冷源供应方式。两种冷源供应方式包括水冷机组与风冷机组的组合、水冷机组与直膨式机组的组合等。为保证供水连续性，避免单点故障，冷冻水供回水管路宜采用环形管网，如图 5-1 所示；当冷冻水系统采用双冷源时，冷冻水供回水管路可采用双供双回方式，如图 5-2 所示。

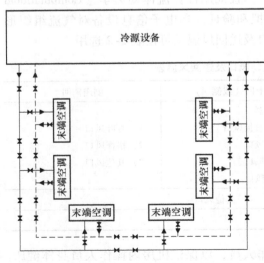

图 5-1 冷冻水供回水管路采用环形管网方式

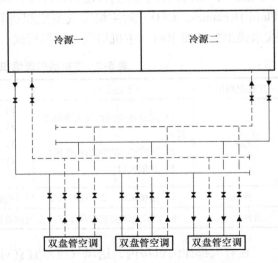

图 5-2 双冷源冷冻水供回水管路采用双供双回方式

主机房内的线缆数量很多，一般采用线槽或桥架敷设。当线槽或桥架敷设在高架活动地板下时，线槽占据了活动地板下的部分空间。当活动地板下作为空调静压箱时，应考虑线槽及消防管线等所占用的空间，空调送风量应按地板下的有效送风面积进行计算。

主机房维持正压的目的是为了防止外部灰尘进入主机房。空调系统的新风量应取下列两项中的较大值：

① 按工作人员计算，每人 $40m^3/h$；

② 维持室内正压所需风量。

将空调系统的空气过滤要求分成两部分，主机房内空调系统的循环机组（或专用空调的室内机）宜设初效过滤器，有条件时可以增加中效过滤器，而新风系统应设初、中效过滤器，环境条件不好时可以增加亚高效过滤器和化学过滤装置。设有新风系统的主机房应进行风量平衡计算，以保证室内外的差压要求，当差压过大时，应设置排风口，避免造成新风无法正常进入主机房的情况。

打印室内的喷墨打印机、静电复印机等设备以及纸张等物品易产生尘埃粒子，对除尘后的空气将造成二次污染；电池室内的电池（如铅酸电池）有少量氢气溢出，对数据中心存在不安全因素。因此应对含有污染源的房间采取措施，防止污染物随气流进入其他房间。例如，对含有污染源的房间不设置回风口，直接排放；与相邻房间形成负压，减少污染物向其他房间扩散；对于大型数据中心，还可考虑为含有污染源的房间单独设置空调系统。

数据中心专用空调机可安装在靠近主机房的专用空调机房内，也可安装在主机房内。空调系统设计应采用下列节能措施：

1）空调系统应根据当地气候条件，充分利用自然冷源。

2）大型数据中心宜采用水冷冷水机组空调系统，也可采用风冷冷水机组空调系统。采用水冷冷水机组的空调系统，冬季可利用室外冷却塔作为冷源；采用风冷冷水机组的空调系统，设计时应采用自然冷却技术。

3）空调系统可采用电制冷与自然冷却相结合的方式。

4）数据中心空调系统设计时，应分别计算自然冷却和余热回收的经济效益，应采用经济效益最大的节能设计方案。

5）空气质量优良地区，可采用全新风空调系统。

6）根据负荷变化情况，空调系统宜采用变频、自动控制等技术进行负荷调节。

采用全新风空调系统时，应对新风的温度、相对湿度、空气含尘浓度等参数进行检测和控制。寒冷地区采用水冷冷水机组空调系统时，冬季应对冷却水系统采取防冻措施。当室外空气质量不能满足数据中心空气质量要求时，应采取过滤、降温、加湿或除湿等措施，使数据中心内的空气质量达到标准要求。

5.5.3 设备选择

空调对于电子信息设备的安全运行至关重要，因此机房空调设备的选用原则首先是高可靠性，其次是运行费用低、高效节能、低噪声和低振动。不同等级的数据中心对空调系统和设备的可靠性要求也不同，应根据机房的热湿负荷、气流组织形式、空调制冷方式、风量、系统阻力等参数及规范的相关技术要求执行。气候条件是指数据中心建设地点极端气候条件。建筑条件是指空调机房的位置、层高、楼板荷载等。如果选用风冷机组，应考虑室外机的安装位置；如果选用水冷冷水机组，应考虑冷却塔的安装位置。

空调系统和设备应根据数据中心的等级、气候条件、建筑条件、设备的发热量等进行选择。空调系统无备份设备时，为了提高空调制冷设备的运行可靠性及满足将来电子信息设备的少量扩充，要求单台空调制冷设备的制冷能力预留 15%～20% 的余量。

机房专用空调、行间制冷空调宜采用出风温度控制。空调机应带有通信接口，通信协议应满足数据中心监控系统的要求，监控的主要参数应接入数据中心监控系统，并应记录、显示和报警。主机房内的湿度可由机房专用空调、行间制冷空调进行控制，也可由其他加湿器进行调节。空调设备的空气过滤器和加湿器应便于清洗和更换，设计时应为空调设备预留维修空间。

5.6 电气

5.6.1 供配电与照明

1. 供配电

A 级数据中心的供电电源应按一级负荷中特别重要的负荷考虑；B 级数据中心的供电电源应按一级负荷考虑；C 级数据中心的供电电源应按二级负荷考虑。电子信息设备采用直流电源供电时，供电电压应符合电子信息设备的要求。供配电系统应为电子信息系统的可扩展性预留备用容量。

引入机房的户外供电线路不宜采用架空方式敷设是为了保证户外供电线路的安全和保证数据中心供电的可靠性。户外架空线路易受到自然因素（如台风、雷电、洪水等）和人为因素（如交通事故）的破坏，导致供电中断，故户外供电线路宜采用直接埋地、排管埋地或电缆沟敷设的方式。当户外供电线路采用埋地敷设有困难，只能采用架空敷设时，应采取措施，保证线路安全。机房内的隐蔽通风空间主要是指作为空调静压箱的活动地板下空间及用于空调回风的吊顶上空间。从安全的角度出发，在活动地板下及吊顶上敷设的电缆宜采用低烟无卤阻燃铜芯电缆。当活动地板下作为空调静压箱或吊顶上作为回风通道时，线槽、桥架和母线的布置应留出适当的空间，保证气流通畅。

数据中心供电可靠性要求较高，为防止其他负荷干扰，当数据中心用电容量较大时，应设置专用配电变压器供电；数据中心用电容量较小时，可由专用低压馈电线路供电。美国 NFPA75（信息设备的保护）要求为信息设备供电的变压器应采用干式或不含可燃物的变压器。数据中心宜采用干式变压器供电。变压器宜靠近负荷布置，其目的是为了降低中性线与 PE 线之间的电位差。中性线与 PE 线之间的电位差称为"零地电压"，当"零地电压"不满足某些电子信息设备使用要求时，应采取措施降低"零地电压"。对于 TN-S 系统，在 UPS 的输出端配备隔离变压器是降低"零地电压"的有效方法。选择隔离变压器的保护开关时，应考虑隔离变压器投入时的励磁涌流。数据中心低压配电系统的接地形式宜采用 TN 系统。采用交流电源的电子信息设备，其配电系统应采用 TN-S 系统。数据中心低压配电采用 TN-S 系统可以对雷电浪涌进行多级保护，对 UPS 和电子信息设备进行电磁兼容保护。

配电列头柜和专用配电母线的主要作用是对电子信息设备进行配电、保护和监测。当机柜容量或位置变化时，专用配电母线应能够灵活进行容量和位置调整，即插即用。当电子信息设备采用直流供电时，应采用直流保护电器和直流专用母线。配电列头柜和专用配电母线配置远程通信接口是为了将电源和用电设备的运行状况反映到机房设备监控系统中，有利于保证设备正常运行和能耗统计。

电子信息设备的电源连接点应与其他设备的电源连接点严格区别，并应有明显标识。电源连接点主要是指插座和工业连接器等，电子信息设备的电源连接点应在颜色或外观上明显区别于其他设备的电源连接点，以防止其他设备误连接后，导致电子信息设备供电中断。

A 级数据中心应由双重电源供电，并应设置备用电源。备用电源宜采用独立于正常电源的柴油发电机组，也可采用供电网络中独立于正常电源的专用馈电线路。当正常电源发生故障时，备用电源应能承担数据中心正常运行所需的用电负荷。

B 级数据中心宜由双重电源供电，当只有一路电源时，应设置柴油发电机组作为备用电源。

在国家标准中将发电机组的输出功率分为 4 种：持续功率、基本功率、限时运行功率和应急备用功率。后备柴油发电机组的性能等级不应低于 G3 级。A 级数据中心发电机组应连续和不限时运行，发电机组的输出功率应满足数据中心最大平均负荷的需要。B 级数据中心发电机组的输出功率可按限时 500h 运行功率选择。柴油发电机组周围应设置检修用照明和维修电源，电源宜由不间断电源系统供电。当外部供油时间没有保障时，应按规范规定的储油时间储存柴油。

在考虑当市电和柴油发电机都出现故障时，检修柴油发电机需要电源，故只能采用 UPS 或 EPS。为了不影响电子信息设备的安全运行，检修用 UPS 不应由电子信息设备用 UPS 引来。UPS 系统包括交流和直流系统。为保证电源质量，电子信息设备宜由 UPS 供电，当市电电源质量能够满足电子信息设备的使用要求时，也可由市电直接供电。辅助区宜单独设置 UPS 系统，以避免辅助区的人员误操作而影响主机房电子信息设备的正常运行。UPS 系统应有自动和手动旁路装置，其目的是为了避免在 UPS 设备发生故障或进行维修时中断电源。

确定 UPS 系统的基本容量时应留有余量。UPS 系统的基本容量可按下式计算：

$$E \geqslant 1.2P \tag{5-2}$$

式中，E 是 UPS 系统的基本容量（不包含备份 UPS 系统设备）（kW/kV·A）；P 是电子信息设备的计算负荷（kW/kV·A）。

数据中心内采用 UPS 系统供电的空调设备和电子信息设备不应由同一组 UPS 系统供电；测试电子信息设备的电源和电子信息设备的正常工作电源应采用不同的 UPS 系统。数据中心内采用 UPS 系统供电的空调设备主要有控制系统、末端冷冻水泵、空调末端风机等，这些设备不应与电子信息设备共用一组 UPS 系统，以减少对电子信息设备的干扰。

同城灾备数据中心与主用数据中心的供电电源不应来自同一个城市变电站。采用分布式能源供电的数据中心，备用电源可采用市电或柴油发电机组。正常电源与备用电源之间的切换采用自动转换开关电器时，自动转换开关电器宜具有旁路功能，或采取其他措施，在自动转换开关电器检修或故障时，不应影响电源的切换。

2. 照明

主机房和辅助区一般照明的照度标准值应按照 300~500lx 设计，一般显色指数不宜小于 80。主机房和辅助区内的主要照明光源宜采用高效节能荧光灯，也可采用 LED 灯。灯具应采取分区、分组的控制措施。辅助区的视觉作业宜采取下列保护措施：视觉作业不宜处在照明光源与眼睛形成的镜面反射角上；辅助区宜采用发光表面积大、亮度低、光扩散性能好的灯具；视觉作业环境内宜采用低光泽的表面材料。

照明灯具不宜布置在设备的正上方，工作区域内一般照明的照明均匀度不应小于0.7，保证人的眼睛不容易疲劳。由于人的眼睛对亮度差别较大的环境有一个适应期，因此相临的不同环境照度差别不宜太大，非工作区域内的一般照明照度值不宜低于工作区域内一般照明照度值的1/3。

主机房和辅助区是数据中心的重要场所，照明熄灭将造成人员停止工作，设备运转出现异常，从而造成很大影响或经济损失。因此，主机房和辅助区内应设置保证人员正常工作的备用照明。备用照明与一般照明的电源应由不同回路引来，火灾时切除。通过普查和重点调查，以及对数据中心重要性的普遍认同，规定备用照明的照度值不低于一般照明照度值的10%；有人值守的房间（主要是辅助区），备用照明的照度值不应低于一般照明照度值的50%。

数据中心应设置通道疏散照明及疏散指示标志灯，主机房一般为密闭空间（A级和B级主机房一般不设外窗），从安全角度出发，规定通道疏散照明的照度值（地面）不低于5lx，其他区域通道疏散照明的照度值不应低于1lx。数据中心内的照明线路宜穿钢管暗敷或在吊顶内穿钢管明敷。技术夹层内宜设置照明和检修插座，并应采用单独支路或专用配电箱（柜）供电。

5.6.2 静电防护与防雷接地

主机房和安装有电子信息设备的辅助区，其地板或地面应有静电泄放措施和接地构造，且应具有防火、环保、耐污耐磨性能。主机房和辅助区中不使用防静电活动地板的房间，可铺设防静电地面，其静电耗散性能应长期稳定，且不应起尘。辅助区内的工作台面宜采用导静电或静电耗散材料。

数据中心的防雷和接地设计应满足人身安全及电子信息系统正常运行的要求，保护性接地包括防雷接地、防电击接地、防静电接地和屏蔽接地等，功能性接地包括交流工作接地、直流工作接地和信号接地等。保护性接地和功能性接地宜共用一组接地装置，其接地电阻应按其中最小值确定。

为了减小环路中的感应电压，单独设置接地线的电子信息设备的供电线路与接地线应尽可能地同路径敷设；同时为了防止干扰，对功能性接地有特殊要求需单独设置接地线的电子信息设备，接地线应与其他接地线绝缘。

数据中心内所有设备的金属外壳、各类金属管道、金属线槽和建筑物金属结构等必须进行等电位联结并接地。等电位联结是对人员和设备安全防护的必要措施，是接地构造的重要环节，数据中心基础设施不应存在对地绝缘的孤立导体。

对电子信息设备进行等电位联结是保障人身安全、保证电子信息系统正常运行、避免电磁干扰的基本要求。电子信息设备等电位联结方式应根据电子信息设备易受干扰的频率及数据中心的等级和规模确定，可采用S型、M型或SM混合型。采用M型或SM混合型等电位联结方式时，主机房应设置等电位联结网格，网格四周应设置等电位联结带，并应通过等电位联结导体将等电位联结带就近与接地汇流排、各类金属管道、金属线槽、建筑物金属结构等进行连接。每台电子信息设备（机柜）应采用两根不同长度的等电位联结导体就近与等电位联结网格连接。

等电位联结网格应采用截面积不小于 25mm² 的铜带或裸铜线，并应在防静电活动地板下构成边长为 0.6~3m 的矩形网格。等电位联结网格的尺寸取决于电子信息设备的摆放密度，机柜等设备布置密集时（成行布置，且行与行之间的距离为规范规定的最小值时），网格尺寸宜取小值（600mm×600mm）；设备布置宽松时，网格尺寸可视具体情况加大，目的是节省铜材。图 5-3 所示为等电位联结带与等电位联结网格。

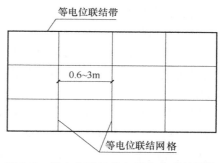

图 5-3　等电位联结带与等电位联结网格

等电位联结带、接地线和等电位联结导体的材料和最小截面积应符合表 5-3 的要求。

表 5-3　等电位联结带、接地线和等电位联结导体的材料和最小截面积

名　　称		材　　料	截面积/mm²
等电位联结带		铜	50
利用建筑内的钢筋做接地线		铁	50
单独设置的接地线		铜	25
等电位联结导体	从等电位联结带至接地汇集排或至其他等电位联结带；各接地汇集排之间	铜	16
	从机房内各金属装置至等电位联结带或接地汇集排；从机柜至等电位联结网格	铜	6

我国电力系统常用的接地方式分为两大类，即中性点有效接地系统和中性点非有效接地系统。非有效接地系统包括中性点不接地、谐振接地（经消弧线圈接地）和谐振-低电阻接地、高电阻接地系统。有效接地系统在电压 6~35kV 时为低电阻接地系统。

3~10kV 柴油发电机系统中性点接地方式与线路的单相接地电容电流数值有关。由于数据中心 10kV 电气设备及电缆数量有限，其单相接地电容电流一般不超过 30A，故柴油发电机系统中性点接地方式选择不接地系统。当常用电源采用低电阻接地系统，某一回路发生单相接地故障，保护电器动作跳闸不影响数据中心运行时，柴油发电机系统中性点接地方式也可选择低电阻接地系统。当多台柴油发电机组并列运行，接地方式采用其中一台机组接地时，应核算接地电阻的通流容量。1kV 及以下备用柴油发电机系统中性点接地方式宜与低压配电系统接地方式一致。当多台柴油发电机组并列运行，且低压配电系统中性点直接接地时，为减少中性导体中的环流，采用中性点经电抗器接地，或采用其中一台机组接地方式。

5.7　电磁屏蔽

对涉及国家秘密或企业对商业信息有保密要求的数据中心，应设置电磁屏蔽室或采取其他电磁泄漏防护措施，电磁屏蔽室的性能指标应按国家现行有关标准执行。电磁屏蔽室的结构形式和相关的屏蔽件应根据电磁屏蔽室的性能指标和规模选择。设有电磁屏蔽室的数据中心，结构荷载除应满足电子信息设备的要求外，还应考虑金属屏蔽结构需要增加的荷载值。

滤波器、波导管等屏蔽件一般安装在电磁屏蔽室金属壳体的外侧，考虑到以后的维修，需要在安装有屏蔽件的金属壳体侧与建筑（结构）墙之间预留维修通道或维修口，通道宽度不宜小于600mm。

电磁屏蔽室的接地采用单独引下线是为了防止屏蔽信号干扰电子信息设备，引下线一般采用截面积不小于25mm²的多股铜芯电缆。电磁屏蔽室与建筑（结构）墙之间宜预留维修通道或维修口。电磁屏蔽室的壳体应对地绝缘，接地宜采用共用接地装置和单独接地线的形式。

用于保密目的的电磁屏蔽室，其结构形式可分为可拆卸式和焊接式。焊接式又可分为自撑式和直贴式。建筑面积小于50m²、日后需搬迁的电磁屏蔽室，结构形式宜采用可拆卸式。电场屏蔽衰减指标大于120dB、建筑面积大于50m²的屏蔽室，结构形式宜采用自撑式。电场屏蔽衰减指标大于60dB的屏蔽室，结构形式宜采用直贴式，屏蔽材料可选择镀锌钢板，钢板的厚度应根据屏蔽性能指标确定。电场屏蔽衰减指标大于25dB的屏蔽室，结构形式宜采用直贴式，屏蔽材料可选择金属丝网，金属丝网的目数应根据被屏蔽信号的波长确定。

屏蔽门、滤波器、波导管、截止波导通风窗等屏蔽件，其性能指标不应低于电磁屏蔽室的性能要求，安装位置应便于检修。屏蔽门可分为旋转式和移动式，一般情况下宜采用旋转式屏蔽门，当场地条件受到限制时可采用移动式屏蔽门。

所有进入电磁屏蔽室的电源线缆应通过电源滤波器进行处理。电源滤波器的规格、供电方式和数量应根据电磁屏蔽室内设备的用电情况确定。所有进入电磁屏蔽室的信号电缆应通过信号滤波器或进行其他屏蔽处理。进出电磁屏蔽室的网络线宜采用光缆或屏蔽缆线，光缆不应带有金属加强芯。截止波导通风窗内的波导管宜采用等边六角形，通风窗的截面积应根据室内换气次数进行计算。非金属材料穿过屏蔽层时应采用波导管，波导管的截面尺寸和长度应满足电磁屏蔽的性能要求。屏蔽件的性能指标主要是指衰减参数和截止频率等。选择屏蔽件时，其性能指标不能低于电磁屏蔽室的屏蔽要求。

5.8 网络与布线系统

5.8.1 网络系统

数据中心网络系统应根据用户需求和技术发展状况进行规划和设计。用户需求包括业务发展战略对数据中心的网络容量、性能和功能需求；应用系统、服务器、存储等设备对网络通信的需求；用户当前的网络现状、主机房环境条件、建设和维护成本、网络管理需求等。技术发展状况包括技术发展趋势、网络架构模型、技术标准等。

数据中心网络应包括互联网络、前端网络、后端网络和运管网络。前端网络可采用三层、二层和一层架构。A级数据中心的核心网络设备应采用容错系统，并应具有可扩展性，相互备用的核心网络设备宜布置在不同的物理隔间内。数据中心网络系统基本架构如图5-4所示。

互联网络包括互联网、外联网及内联网，不同网络区域间应进行安全隔离。前端网络的主要功能是数据交换，三层架构包括核心层、汇聚层和接入层，如图5-5所示；二层和一层网络架构也称为矩阵架构，这种架构可为任意两个交换机节点提供低延迟和高带宽的通信，可以配合高扩展性的模块化子集设计。

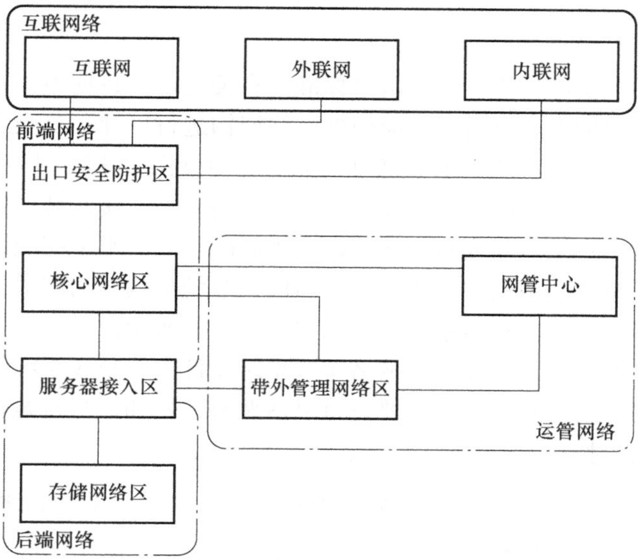

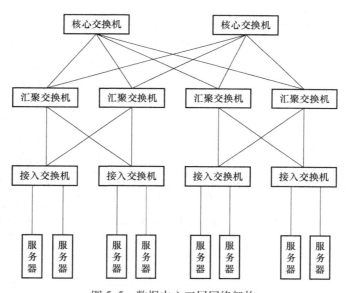

图 5-4   数据中心网络系统基本架构

图 5-5   数据中心三层网络架构

后端网络的主要功能是存储，存储网络交换机宜与存储设备贴邻部署，存储网络的连接应尽量减少无源连接点的数量，以保证存储网络低延时、无丢包的性能。服务器与网络设备或存储设备的距离应由网络应用类型和传输介质决定。

运管网络包括带内管理网络及带外管理网络，带内管理是指管理控制信息与业务数据信息使用同一个网络接口和通道传送，带外管理是指通过独立于业务数据网络之外专用管理接口和通道对网络设备和服务器设备进行集中化管理。A 级机房应单独部署带外管理网络，服务器带外管理网络和网络设备带外管理网络可使用相同的物理网络。

5.8.2 布线系统

数据中心布线系统设计应符合现行国家标准的有关规定。数据中心布线系统应支持数据和语音信号的传输。数据中心布线系统应根据网络架构进行设计，范围应包括主机房、辅助区、支持区和行政管理区。主机房宜设置主配线区、中间配线区、水平配线区和设备配线区，也可设置区域配线区。主配线区可设置在主机房的一个专属区域内；占据多个房间或多个楼层的数据中心可在每个房间或每个楼层设置中间配线区；水平配线区可设置在一列或几列机柜的端头或中间位置。数据中心布线系统与网络系统架构密切相关，设计时应根据网络架构确定布线系统。数据中心布线系统基本结构如图 5-6 所示，与图 5-5 对应的前端网络布线系统基本结构如图 5-7 所示。在实际网络布线系统设计中，布线系统的基本结构根据建筑物的功能、实际结构、信息点的数量需要进行灵活调整，例如，当建筑物信息点较少时，在设计中可能去掉汇聚交换机。

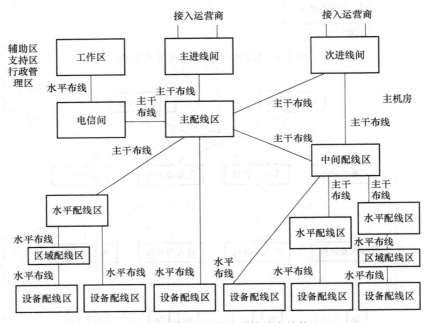

图 5-6 数据中心布线系统基本结构

承担数据业务的主干和水平子系统应采用 OM3/OM4 多模光缆、单模光缆或 6A 类及以上对绞电缆，传输介质各组成部分的等级应保持一致，并应采用冗余配置。主机房布线系统中，所有屏蔽和非屏蔽对绞缆线宜两端各终接在一个信息模块上，并固定至配线架。所有光缆应连接到单芯或多芯光纤耦合器上，并固定至光纤配线箱。

主机房布线系统中 12 芯及以上的光缆主干或水平布线系统宜采用多芯 MPO/MTP 预连接系统。存储网络的布线系统也宜采用多芯 MPO/MTP 预连接系统。MPO 是推拉式多芯光纤连接器件，通过阵列完成多芯光纤的连接；MTP 是基于 MPO 发展而来的机械推拉式多芯光纤连接器件，MTP 兼容所有 MPO 连接器件的标准和规范。单个 MPO/MTP 连接器件可以支持 12 芯、24 芯、48 芯或 72 芯光纤的连接。

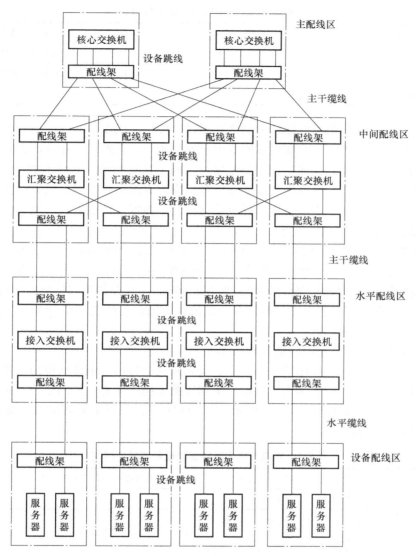

图 5-7　前端网络布线系统基本结构

A级数据中心宜采用智能布线管理系统对布线系统进行实时智能管理。数据中心布线系统所有缆线的两端、配线架和信息插座应有清晰耐磨的标签。

为防止电磁场对布线系统的干扰，避免通过布线系统对外泄露重要信息，应采用屏蔽布线系统、光缆布线系统或采取其他电磁干扰防护措施（如建筑屏蔽）。当采用屏蔽布线系统时，应保证链路或信道的全程屏蔽和屏蔽层可靠接地。

当缆线敷设在隐蔽通风空间（如吊顶内或地板下）时，缆线易受到火灾的威胁或成为火灾的助燃物，且不易察觉，故在此情况下，应对缆线采取防火措施，采用具有阻燃性能的缆线是防止缆线火灾的有效方法之一。各级数据中心的布线要求不同，北美通信缆线防火分级见表5-4，也可以按照综合布线系统工程设计规范的相关规定，按照欧洲缆线防火分级标准设计。

表 5-4 北美通信缆线防火分级

缆线的防火等级	北美通信电缆分级	北美通信光缆分级
阻燃级	CMP	OFNP 或 OFCP
主干级	CMR	OFNR 或 OFCR
通用级	CM，CMG	OFN（G）或 OFC（G）

　　数据中心布线系统与公用电信业务网络互联时，接口配线设备的端口数量和缆线的敷设路由应根据数据中心的等级，并在保证网络出口安全的前提下确定。在设计数据中心布线系统与本地公用电信网络互联互通时，主要考虑对不同电信运营商的选择和系统出口的安全。对于重要的数据中心，设置的网络与配线端口数量应至少满足两家以上电信运营商互联的需要，使得用户可以根据业务需求自由选择电信运营商。各家电信运营商的通信线路宜采取不同的敷设路径，以保证线路的安全。

　　缆线采用线槽或桥架敷设时，线槽或桥架的高度不宜大于 150mm，线槽或桥架的安装位置应与建筑装饰、电气、空调、消防等协调一致。当线槽或桥架敷设在主机房天花板下方时，线槽和桥架的顶部距离天花板或其他障碍物不宜小于 300mm。限制线槽或桥架高度的原因是：

　　1）当机房空调采用下送风方式时，在活动地板下敷设的线槽或桥架如果太高，将会产生较大的风阻，影响气流流通。

　　2）如果线槽太高，维修时将造成查线不便。

　　配电母线槽应有起保护作用的金属外壳，金属外壳应接地。铜缆或电力电缆在金属线槽或钢管中敷设时，金属线槽或钢管应接地，采用屏蔽铜缆时应有良好的接地。主机房布线系统中的铜缆与电力电缆或配电母线槽之间的最小间距应根据机柜的容量和缆线保护方式确定，并应符合表 5-5 的规定。

表 5-5 铜缆与电力电缆或配电母线槽的间距

机柜容量/kV·A	铜缆与电力电缆的敷设关系	铜缆与配电母线槽的敷设关系	最小间距/mm
≤5	铜缆与电力电缆平行敷设		300
	有一方在金属线槽或钢管中敷设，或使用屏蔽铜缆	铜缆与配电母线槽平行敷设	150
	双方各自在金属线槽或钢管中敷设，或使用屏蔽铜缆	铜缆在金属线槽或钢管中敷设，或使用屏蔽铜缆	80
>5	铜缆与电力电缆平行敷设		600
	有一方在金属线槽或钢管中敷设，或使用屏蔽铜缆	铜缆与配电母线槽平行敷设	300
	双方各自在金属线槽或钢管中敷设，或使用屏蔽铜缆	铜缆在金属线槽或钢管中敷设，或使用屏蔽铜缆	150

5.9 智能化系统

　　数据中心应设置总控中心、环境和设备监控系统、安全防范系统、火灾自动报警系统、基础设施管理系统等智能化系统，各系统的设计应根据机房的等级，按现行国家标准以及规范的要求执行。数据中心智能化系统设计内容一般包括环境和设备监控系统、网络与布线系统、电话交换系统、小型移动蜂窝电话系统、火灾自动报警及消防联动控制系统、背景音乐及紧急广播系统、视频安防监控系统、入侵报警系统、出入口控制系统、停车库管理系统、电子巡更管理系统、电梯管理系统、周界防范系统、有线电视系统、卫星通信系统、大屏幕显示系统、扩声系统、中控系统、资产管理系统、气流与热场管理系统等，各数据中心可根据实际需求确定。

各智能化系统可集中设置在总控中心内，各系统设备应集中布置，供电电源应可靠，宜采用独立不间断电源系统供电。当采用集中不间断电源系统供电时，各系统应单独回路配电。

智能化系统宜采用统一系统平台，并宜采用集散或分布式网络结构及现场总线控制技术，支持各种传输网络和多级管理。系统平台应具有集成性、开放性、可扩展性及可对外互联等功能，其操作系统、数据库管理系统、网络通信协议等应采用国际上通用的系统。智能化系统应具备显示、记录、控制、报警、提示及趋势和能耗分析功能。

5.9.1　环境和设备监控系统

环境和设备监控系统宜符合下列要求：

1）监测和控制主机房和辅助区的温度、露点温度或相对湿度等环境参数，当环境参数超出设定值时，应报警并记录。核心设备区及高密设备区宜设置机柜微环境监控系统。

2）主机房内有可能发生水患的部位应设置漏水检测和报警装置，强制排水设备的运行状态应纳入监控系统。

3）环境检测设备的安装数量及安装位置应根据主机房运行和控制要求确定，主机房的环境温度、露点温度或相对湿度应以冷通道或以送风区域的测量参数为准。

设备监控系统宜对机电设备的运行状态和能耗进行监视、报警并记录。机房专用空调设备、冷水机组、柴油发电机组、不间断电源系统等设备自身应配置监控系统，监控的主要参数应纳入设备监控系统，通信协议应满足设备监控系统的要求。

5.9.2　安全防范系统

安全防范系统宜由视频安防监控系统、入侵报警系统和出入口控制系统组成，各系统之间应具备联动控制功能。A 级数据中心主机房的视频监控应无盲区。紧急情况时，出入口控制系统应能接收相关系统的联动控制信号，自动打开疏散通道上的门禁系统。室外安装的安全防范系统设备应采取防雷电保护措施，电源线、信号线应采用屏蔽电缆，避雷装置和电缆屏蔽层应接地，且接地电阻不应大于 10Ω。安全防范系统宜采用数字式系统，支持远程监视功能。

5.9.3　总控中心

总控中心宜设置单独房间，系统宜接入基础设施运行信息、业务运行信息、办公及管理信息等信号。总控中心接入的信号有设备和环境监控信息、能源和能耗监控信息、安防监控信息、火灾报警及消防联动控制信息、业务及应急广播信息、气流与热场管理信息、KVM

信息、资产管理信息、桌面管理子信息、网络管理信息、系统管理信息、存储管理信息、安全管理信息、事件管理信息、IT 服务管理信息、会议视频和音频信息、语音通信信息等。

总控中心宜设置总控中心机房、大屏显示系统、信号调度系统、话务调度系统、扩声系统、会议系统、对讲系统、中控系统、网络布线系统、出入口控制系统、视频监控系统、灯光控制系统、操作控制台和座席等。总控中心作为数据中心的重要组成部分，为数据中心的运行维护和灾备演练提供工作场所及管理手段，通过使用文字、图像、声音信息，以及其他控制信号，对数据中心基础设施和 IT 系统实时运行状态进行监控，同时可以跨团队、跨部门协同处理故障和应急事件。

智能建筑机房工程指为智能化系统的中心控制设备和装置等提供安装条件、地点，建立确保各系统安全、稳定和可靠运行与维护的建筑环境（控制中心）而实施的综合工程。机房工程范围一般包括信息中心设备机房、数字程控交换机系统设备机房、通信系统总配线设备机房、消防监控中心机房、安全防范监控中心机房、智能化系统设备总控室、通信接入系统设备机房、有线电视前端设备机房、弱电间（电信间）和应急指挥中心机房及其他智能化系统的设备机房。

现代化电子信息机房不只是一个简单的放置电子设备的场所，而是由供配电、建筑装饰、照明、防静电、防雷、接地、消防、火灾报警和环境监控等多个功能系统组成的综合体。电子信息机房工程涉及采暖通风、电气、给排水、建筑、结构和装饰等多种专业技术。

机房是各种信息系统的中枢，只有构建一个高可靠性的整体机房环境，才能保证计算机主机、通信设备免受外界因素的干扰，消除环境因素对信息系统带来的影响。所以，机房建设工程的目标不仅是要为机房工作人员提供一个舒适而良好的工作环境，而更加重要的是必须保证计算机及网络系统等重要设备能长期而可靠地运行。

机房建设不仅包含机房中所涉及的各个专业，如机房装修、供配电、空调、综合布线、安全监控、设备监控与消防系统等，如图 5-8 所示，还包括从数据中心到动力机房整体解决方案咨询、规划、设计、制造、安装和维护服务，因此不能孤立地看待机房的各个系统，而应看成一个更大的统一系统来进行设计和实施，以提高整体方案实施的可靠性、可用性、安全性和易管理性。

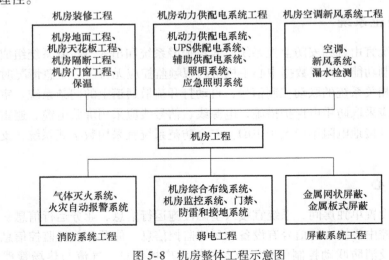

图 5-8　机房整体工程示意图

5.10　给水排水系统

给水排水系统的设计应根据数据中心的等级，按国家规范的要求执行。数据中心内安装有自动喷水灭火设施并配有空调机和加湿器的房间，地面应设置挡水和排水设施。挡水和排水设施用于自动喷水灭火系统动作后的排水、空调冷凝水及加湿器的排水，以防止积水。

数据中心不应有与主机房内设备无关的给水排水管道穿过主机房，相关给排水管道不应布置在电子信息设备的上方，进入主机房的给水管应加装阀门。

采用水冷冷水机组的冷源系统应设置冷却水补水储存装置，储存时间不应低于当地应急水车抵达现场的时间。当不能确定应急水车抵达现场的时间时，A 级数据中心可按 12h 储水。

为了保证机房的给水排水管道不影响机房的正常使用而采取的措施主要是以下 3 个方面：

1）保证管道不渗不漏，主要是选择优质耐压高、连接可靠的管道及配件，如焊接连接的不锈钢阀件。

2）管道结露滴水会破坏机房工作环境，因此要求有可靠的防结露措施，应根据管内水温及室内环境温度计算确定。

3）减小管道敷设对环境的影响，给排水干管一般敷设在管道竖井（或地沟）内，引入主机房的支管采用暗敷或采用防漏保护套管敷设；管道穿墙或穿楼板处应设置套管，管道与套管之间应采取密封措施。

主机房和辅助区设有地漏时，应采用洁净室专用地漏或自闭式地漏，地漏下应加设水封装置，并应采取防止水封损坏和反溢措施。

数据中心内的给水排水管道及其保温材料应采用不低于 B1 级的材料。为防止给水排水管道结露，管道应采取保温措施，保温材料应选择难燃烧的、自熄性的材料。

5.11　消防与安全

A 级数据中心的主机房宜设置气体灭火系统，也可设置细水雾灭火系统。当 A 级数据中心内的电子信息系统在其他数据中心内安装有承担相同功能的备份系统时，也可设置自动喷水灭火系统。B 级和 C 级数据中心的主机房宜设置气体灭火系统，也可设置细水雾灭火系统或自动喷水灭火系统。数据中心应设置室内消火栓系统和建筑灭火器，室内消火栓系统宜配置消防软管卷盘。总控中心等长期有人工作的区域应设置自动喷水灭火系统。

常用的气体灭火剂分为卤代烷和惰性混合气体，前者的典型代表为七氟丙烷（HFC-227ea），后者的典型代表为 IG-541。卤代烷的灭火机理是化学反应，惰性气体的灭火机理是控制氧气浓度达到窒息灭火。气体灭火系统具有响应速度快、灭火后药剂无残留、对电子设备损伤小等特点。气体灭火系统自动化程度高、灭火速度快，对于局部火灾有非常强的抑制作用，但由于造价高，应选择火灾对机房影响最大的部分设置气体灭火系统。

对于空间较大，且只有部分设备需要重点保护的房间（如变配电室），为进一步降低工程造价，可仅对设备（如配电柜）采取局部保护措施，如可采用探火管自动灭火装置。细水雾灭火系统可实现灭火和控制火情的效果，具有冷却与窒息灭火的双重作用。实践证明，自动喷水灭火系统是非常有效的灭火手段，特别是在抑制早期火灾方面，且造价相对较低，在北美地区普遍用于数据中心保护，也是 NFPA75、NFPA76 推荐的消防技术。预作用自动喷水灭火系统和湿式自动喷水灭火系统都可用于数据中心，但采用湿式自动喷水灭火系统时，应防止漏水等事故发生。当一个 A 级数据中心的数据业务可由另一个数据中心完成时，这个 A 级数据中心的主机房也可设置自动喷水灭火系统。数据中心采用何种灭火系统根据实际情况需要从安全性、可靠性、工程造价、环保及运维成本等方面综合分析。

安全措施：凡设置气体灭火系统的主机房，应配置专用空气呼吸器或氧气呼吸器。数据中心应采取防鼠害和防虫害措施。

5.11.1 防火与疏散

数据中心内的设备和系统属于贵重和重要物品，一旦发生火灾，将给国家和企业造成重大的经济损失和社会影响。因此，严格控制建筑物耐火等级十分必要。数据中心的耐火等级不应低于二级。当数据中心按照厂房进行设计时，数据中心的火灾危险性分类应为丙类，数据中心内任一点到最近安全出口的直线距离不应大于表 5-6 的规定。当主机房设有高灵敏度的吸气式烟雾探测火灾报警系统时，主机房内任一点到最近安全出口的直线距离可增加 50%。高灵敏度是指灵敏度严于 0.01%（obs/m）的吸气式烟雾探测火灾报警系统。

表 5-6　数据中心内任一点到最近安全出口的直线距离　　　　（单位：m）

单　层	多　层	高　层	地下室半地下室
80	60	40	30

当数据中心按照民用建筑设计时，直通疏散走道的房间疏散门至最近安全出口的直线距离不应大于表 5-7 的规定，各房间内任一点至房间直通疏散走道疏散门的直线距离不应大于表 5-8 的规定。建筑内全部采用自动灭火系统时，采用自动喷水灭火系统的区域，安全疏散距离可增加 25%。

表 5-7　直通疏散走道的房间疏散门至最近安全出口的直线距离　　　　（单位：m）

疏散门的位置	单层、多层	高　层
位于两个安全出口之间的疏散门	40	40
位于袋形走道两侧或尽端的疏散门	22	20

表 5-8　房间内任一点至房间直通疏散走道疏散门的直线距离　　　　（单位：m）

单层、多层	高　层
22	20

考虑数据中心的重要性，当与其他功能用房合建时，应提高数据中心与其他部位相邻隔墙的耐火时间，以防止火灾蔓延。当数据中心位于其他建筑物内时，数据中心与建筑内其他功能用房之间应采用耐火极限不低于 2.0h 的防火隔墙和 1.5h 的楼板隔开，隔墙上开门应采用甲级防火门。

建筑面积大于 120m² 的主机房，疏散门不应少于两个，且应分散布置。建筑面积不大于

120m² 的主机房，或位于袋形走道尽端建筑面积不大于 200m² 的主机房，且机房内任一点至疏散门的直线距离不大于 15m，可设置一个疏散门，疏散门的净宽度不小于 1.4m。主机房的疏散门应向疏散方向开启，且应自动关闭，并应保证在任何情况下均能从机房内开启。走廊、楼梯间应畅通，并应有明显的疏散指示标志。

主机房的顶棚、壁板（包括夹芯材料）和隔断应为不燃烧体，且不得采用有机复合材料，地面及其他装修应采用不低于 B1 级的装修材料。当单罐柴油容量不大于 50m³，总柴油储量不大于 200m³ 时，直埋地下的卧式柴油储罐与建筑物和园区道路之间的最小防火间距应符合规定。

5.11.2　消防设施

采用管网式气体灭火系统或细水雾灭火系统的主机房，应同时设置两组独立的火灾探测器，且火灾报警系统应与灭火系统和视频监控系统联动。主机房是电子信息系统运行的核心，在确定消防措施时，应同时保证人员和设备的安全，避免灭火系统误动作造成损失。只有当两组独立的火灾探测器同时发出报警后，才能确认为真正的灭火信号。当吊顶内或活动地板下含有可燃物时，也应同时设置两组独立的火灾探测器。当数据中心与其他功能用房合建时，数据中心内的自动喷水灭火系统应设置单独的报警阀组。

对于空气高速流动的主机房，由于烟雾被气流稀释，致使一般感烟探测器的灵敏度降低；此外，烟雾可导致电子信息设备损坏，如能及早发现火灾，可减少设备损失。因此，主机房宜采用灵敏度严于 0.01%（obs/m）的吸气式烟雾探测火灾报警系统作为感烟探测器。

采用全淹没方式灭火的区域，灭火系统控制器应在灭火设备动作之前，联动控制关闭房间内的风门、风阀，并应停止空调机、排风机，切断非消防电源等。采用全淹没方式灭火的区域应设置火灾警报装置，防护区外门口上方应设置灭火显示灯。灭火系统的控制箱（柜）应设置在房间外便于操作的地方，且应有保护装置防止误操作。

电子信息设备属于重要和精密设备，使用手提灭火器对局部火灾进行灭火后，不应使电子信息设备受到污渍损害。而干粉灭火器、泡沫灭火器、手持式气溶胶灭火器灭火后，其残留物对电子信息设备有腐蚀作用，且不宜清洁，将造成电子信息设备损坏，故推荐采用手提式二氧化碳灭火器、水基喷雾灭火器或新型哈龙替代物灭火器。灭火器应配置标签，以标识其应用的具体场所。

项目拓展训练

1. 综合布线系统设备间机架和机柜安装时宜符合的规定，下列哪些项表述与规范要求一致？

（A）机架或机柜前面的净空不应小于 800mm，后面的净空不应小于 800mm

（B）机架或机柜前面的净空不应小于 800mm，后面的净空不应小于 600mm

（C）机架或机柜前面的净空不应小于 600mm，后面的净空不应小于 800mm

（D）壁挂式配线设备底部离地面的高度不宜小于 300mm

答案：BD

出处：《民用建筑电气设计规范》（JGJ 16—2008）第 21.5.4 条。

2. 电子信息系统机房的接地，下面哪几项不符合规范要求？

（A）机房交流功能接地、保护接地、直流功能接地、防雷接地等各种接地宜共用接地网，接地电阻按其中最小值确定

（B）机房内应做等电位联结，并设置等电位联结端子箱

（C）对于工作频率小于 30kHz，且设备数量较少的机房，可采用 M 型接地方式

（D）当各系统共用接地网时，宜将各系统用接地导体串联后与接地网连接

答案：CD

出处：《民用建筑电气设计规范》第 23.4.2 条。

3. 下列关于电子设备信号电路接地导体长度的规定哪些是正确的？

（A）长度不能等于 1/4 信号波长

（B）长度不能等于 1/4 信号波长的偶数倍

（C）长度不能等于信号波长 1/4 的奇数倍

（D）不受限制

答案：AC

出处：《数据中心设计规范》（GB 50174—2017）第 8.4.6 条的条文说明。

4. 有一栋写字楼，地下一层，地上 10 层。其中，1~4 层布有裙房，每层建筑面积为 3000m²；5~10 层为标准办公层，每层面积为 2000m²。标准办公层每层公共区域面积占该层面积的 30%，其余为纯办公区域。在 2 层有一个数据机房，设置了 10 台机柜，每台机柜设备的计算负荷为 8kW（功率因数为 0.8），需要配置不间断电源（UPS），计算确定 UPS 输出容量应为下列哪项数值？

（A）120kV·A　　　（B）100kV·A　　　（C）96kV·A　　　（D）80kV·A

答案：A

解答过程：依据《数据中心设计规范》（GB 50174—2017）第 8.1.7 条式（8.1.7），则

$$E = 1.2P = 1.2 \times 10 \times (8 \div 0.8) \text{kV} \cdot \text{A} = 120 \text{kV} \cdot \text{A}$$

▶ 第 6 章

语音应用与数据应用支撑设施

6.1 用户电话交换系统

电话通信系统包括使用者的终端设备（用于语音信号发送和接收的话机）、传输线路及设备（支持语音信号的传输）和电话交换设备（实现各地电话机之间灵活地交换连接）。电话交换设备（电话交换机）是整个电话通信网路中的枢纽，为建筑物内电话通信提供支持的电话交换系统有设置独立的综合业务数字程控用户交换机系统、采用本地电信业务经营者提供的虚拟交换方式、配置远端模块方式或通过 Internet 提供 IP 电话服务。

6.1.1 数字程控交换机

数字程控交换机通常专指用于电话交换网的交换设备，它以计算机程序控制电话的接续。数字程控交换机分为长途交换机、本地交换机等。数字程控交换机的基本功能为用户线接入、中继接续、计费和设备管理等。数字程控交换机是智能建筑通信系统的控制中心，它不仅能向用户提供传统的模拟通信环境，还能向用户提供数据通信、多媒体通信和综合业务数字网的通信环境。

数字程控交换机与数据传输相结合，可以构成 ISDN 综合业务数字网，不仅可以实现语音信息交换，还能实现传真、数据、图像等信息交换。数字程控交换机处理速度快、体积小、容量大、灵活性强，如图 6-1 所示，便于改变交换机功能，便于构建智能通信网，向用户提供更多、更方便的互联互通服务。

图 6-1　数字程控交换机

数字程控交换机是现代数字通信技术、计算机技术与大规模集成电路有机结合的产物。先进的硬件与日臻完美的软件综合于一体，赋予数字程控交换机以众多的功能和特点，使它与其他机电交换机相比，有以下优点：

1）体积小、重量轻、功耗低。它一般只有纵横制交换机体积的 1/8～1/4，大大压缩了机房占用面积，节省了费用。

2）能灵活地向用户提供众多的新服务功能。由于采用统计过程控制技术，因而可以通过软件方便地增加或修改交换机功能，向用户提供新型服务，如缩位拨号、呼叫等待、呼叫传递、呼叫转移、遇忙回叫、热线电话和会议电话，给用户带来很大的方便。

3）工作稳定可靠，维护方便。由于数字程控交换机一般采用大规模集成电路或专用集成电路，因而有很高的可靠性。它通常采用冗余技术或故障自动诊断措施，以进一步提高系统的可靠性。此外，数字程控交换机借助故障诊断程序对故障自动进行检测和定位，以及时地发现与排除故障，从而大大减少了维护工作量。

4）便于采用新型共路信号（Common Channel Signalling，CCS）方式。由于数字程控交换机与数字传输设备可以直接进行数字连接，提供高速公共信号信道，适于采用先进的信令方式，从而使得信令传送速度快、容量大、效率高，并能适应未来新业务与交换网控制的特点，为实现综合业务数字网创造必要的条件。

5）易于与数字终端、数字传输系统连接，实现数字终端、传输与交换的综合与统一。数字程控交换机可以扩大通信容量，改善通话质量，降低通信系统投资，并为发展综合数字网和综合业务数字网奠定基础。

1. 数字程控交换机的组成

电话交换机的主要任务是实现用户间通话的接续，其基本划分为两大部分：话路设备和控制设备。话路设备主要包括各种接口电路（如用户线接口和中继线接口电路等）和交换（或接续）网络；控制设备在纵横制交换机中主要包括标志器与记发器，而在程控交换机中，控制设备则为电子计算机，包括中央处理器（CPU）、存储器和输入/输出设备，如图 6-2 所示。

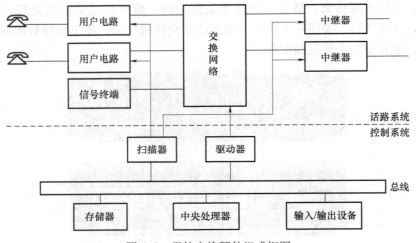

图 6-2　程控交换硬件组成框图

程控交换机实质上是采用计算机进行"存储程序控制"的交换机，它将各种控制功能、方法编成程序，存入存储器，利用对外部状态的扫描数据和存储程序来控制、管理整个交换系统的工作。

（1）交换网络

交换网络的基本功能是根据用户的呼叫要求，通过控制部分的接续命令，建立主叫与被叫用户间的连接通路。在程控交换机中目前主要采用由电子开关阵列构成的空分交换网络和由存储器等电路构成的时分接续网络。

（2）用户电路

用户电路的作用是实现各种用户线与交换机之间的连接，通常又称为用户线接口电路。根据交换机制和应用环境的不同，用户电路也有多种类型。对于数字程控交换机来说，目前主要有与模拟话机连接的模拟用户电路及与数字话机即数据终端（或终端适配器）连接的数字用户电路。

（3）出入中继器

出入中继器是中继线与交换网络间的接口线路，用于交换机中继线的连接。其功能与电路所用的交换系统的制式及局间中继线信号方式有密切的关系。

（4）控制设备

控制部分是程控交换机的核心，其主要任务是根据外部用户与内部维护管理的要求，执行存储程序和各种命令，以控制相应硬件实现交换及管理功能。

程控交换机控制设备的主体是微处理器，通常按其配置与控制工作方式的不同，可分为集中控制和分散控制两类。为了更好地适应软硬件模块化的要求，提高处理能力及增强系统的灵活性与可靠性，目前程控交换系统的分散控制程度日趋提高，已广泛采用部分或完全分布式控制方式。

2. 某大楼电话布线系统的初步设计

（1）某大楼电话系统概况

某大楼需要安装一台集团电话交换机，管理本楼内的所有电话。大楼有 25 条电信部门提供的外线作为集团电话交换机的出局线，内部每一工作区端接 2~4 部电话（内线或外线由电话班负责），考虑到工作区内的人员变动或工作调整与计算机网络同时布线，要求随工作人员的变化能够实现语音点与数据点互换，降低工程造价，为系统设备的使用、维护、升级的方便提供一个良好的基础平台。大楼（共 12 层）每层设有电信管理间，系统的构成如图 6-3 所示。在各层电信管理间均设一个管理局管理该层的用户电话。

（2）某大楼电话系统的技术要求

1）各层用户的电话跳线由各层的层电信管理间管理。

2）各层电信管理间与电话班机房相隔约 1000m，用 25 对大对数线连接。

3）每一工作区安排用户电话数量在 2~4 部之间。

4）必要时要能实现语音点与数据点互换。

电话系统主机是采用微型计算机电子技术进行数据、数字程控转换的一种通信设备。就该楼而言，整个系统由电话主机（即集团程控交换机）、电话分机、电源设备和电缆线路 4 部分组成，如图 6-4 所示。

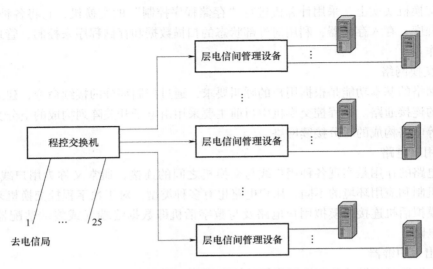

图 6-3 某大楼电话系统构成图

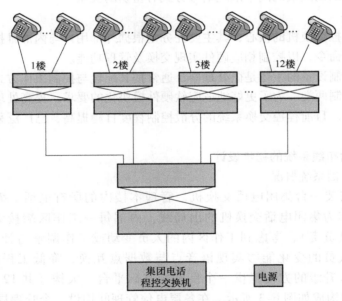

图 6-4 集团电话系统

（3）电话系统设计方案

电话系统与计算机网络布线同时进行，利用计算机网络线材综合布线：在用户端使用与计算机网络信息点相同的信息模块，传输介质使用超 5 类双绞线。这种综合布线的特点是：

1）便于语音点换成数据信息点，在增加计算机网络用户时，撤销该部电话分机换成计算机网络用户即可享受网络通信。

2）使用灵活，便于电话用户的扩充，由现在的 1 个用户电话线可扩充改装成 4 部用户电话机。

3）维护方便，线路直观清晰、简单明了，1 个用户线路出现故障时可更换其中一对线进行使用，保证了用户电话畅通。

6.1.2　IP 电话

IP 电话是通过语音压缩算法对语音信号进行压缩编码处理，然后把这些语音数据按 TCP/IP 标准进行打包，经过网络把数据包发送到接收地，接收端把这些语音数据包串起来，经过解码解压缩处理后恢复成原来的语音信号，从而达到由互联网传送语音的目的。

IP 电话系统有 4 个基本组件：终端设备（Terminal）、网关（Gateway）、网闸（Gate-keeper）和多点接入控制单元（Multipoint Control Unit，MCU）。

1）终端设备是一个 IP 电话客户终端，可以是软件或是硬件，可以直接连接在 IP 网上进行实时的语音或多煤体通信。

2）网关是通过 IP 网络提供 PC-to-Phone、Phone-to-PC、Phone-to-Phone 语音通信的关键设备，是 IP 网络和 PSTN/ISDN/PBX 网络之间的接口设备。

3）网闸负责用户注册和管理，主要完成以下功能：

① 地址映射：将电话网的地址映射成相应网关的 IP 地址。

② 呼叫认证和管理：对接入用户的身份进行认证，访止非法用户的接入。

③ 呼叫记录：使得运营商有详细的数据进行收费。

④ 区域管理：多个网关可以由一个网闸来进行管理。

4）多点接入控制单元的功能在于利用 IP 网络实现多点通信，使得 IP 电话能够支持诸如网络会议这样一些多点应用。

在通话过程中，从技术的角度看，IP 电话的工作过程包括以下几个步骤：

1）语音的数字化：发话端的模拟信号经过 PSTN 送到发端的 IP 网关上，然后利用数字处理（如脉冲编码调制）设备对语音进行数字化。

2）数据压缩：数据压缩系统分析数字化后的信号，判断信号里包含的是语音、噪声还是语音空隙，然后丢掉噪声和语音空隙信号进行压缩。

3）数据打包：由于收集语音数据及压缩过程需要一些时间（时间延迟），为了能保障数据分块传输，则必须进行打包，且打包时加进一些协议信息，如每个数据包中应包含一个目的地址、包顺序号以及数据校验信息等。

4）解包及解压缩：当每个包到达目的地主机（网关、服务器或用户）时，检查该包的序号并将其放到正确位置，然后利用解压缩算法来尽量恢复原始信号数据。

5）语音恢复：由于互联网的原因，在传输过程中有相当一部分包会被丢失或延迟传送，它们是导致通话质量下降的根本原因。

6.1.3　软交换

在《软交换设备总体技术要求》规范中，对于软交换设备的定义是电路交换网络向分组网演进的核心设备，也是下一代电信网络的重要设备之一。它位于底层承载协议，主要完成呼叫控制、媒体网关接入控制、资源分配、协议处理、路由、认证、计费等主要功能，并可以向用户提供现有电路交换机所能提供的业务及多样化的第三方业务。

软交换网络是一个分层的、全开放的体系结构，它包含 4 个相互独立的层面，分别是接入层、传送层、控制层和业务层。

接入层为各类终端提供访问软交换网络资源的入口，这些终端需要通过网关或智能接入设备接入到软交换网络。传送层透明传递业务信息，是采用以 IP 技术为核心的分组交换网络。控制层主要功能是呼叫控制，即控制接入层设备，并向业务层设备提供业务能力或特殊资源。控制层的核心设备是软交换机，软交换机与业务层设备、接入层设备之间采用标准的接口或协议。业务层主要功能是创建、执行、管理软交换网络的增值业务，其主要设备是应用服务器，还包含其他一些功能服务器。

软交换网络主要设备有媒体网关设备、信令网关设备，媒体服务器与应用服务器、智能终端等。媒体网关设备位于接入层，其主要功能是将一种网络中的媒体转换成另一种网络所要求的媒体格式。它提供多种接入方式，如模拟用户接入、ISDN 接入、以太网接入等。媒体网关的主要功能还包含语音处理功能、多呼叫处理与控制功能、资源控制与汇报功能、维护管理功能等。信令网关设备位于接入层，其功能是实现各种信令与 IP 网络的互通，包含用户信令和局间信令的互通。媒体服务器主要负责提供各种共享媒体资源，以及对多媒体通信中的各种音频、视频以及数据媒体进行集中处理。应用服务器负责各种增值业务的逻辑产生及管理，网络运营商可以在应用服务器上提供开放的 API 接口，第三方业务开发商可通过此接口调用通信网络资源，开发新的应用。智能终端顾名思义就是终端具有一定的智能性，如 SIP 终端，引入智能终端的目的是为了开发新的业务和应用，正是有了相对智能的终端，才有可能实现用户个性化的需要。

软交换网络一个很重要的特点就是开放性，这主要体现在软交换网络的各个元素之间采用开放的协议进行通信。由于软交换网络的网元众多，自然协议也很多，主要通过媒体网关控制器对整个网络加以控制，包括管理各种资源并控制所有连接、负责用户认证和网络安全；作为信令消息控制源点和终点，发起和终止所有的信令控制，并且在需要时进行对应的信令转换，以实现不同网络间的互通。

6.2　无线对讲系统

无线对讲系统具有机动灵活、操作简便、语音传递快捷、使用经济之特点，是实现生产调度自动化和管理现代化的基础手段。建设楼宇内无线对讲系统对于安全保卫、设备维护、物业管理等各项工作将带来极大的便利，可实现高效、及时地处理各种事件，最大限度地减少可能造成的损失。

现代商业大楼结构牢固，且为金属框架或者钢筋混泥土多层结构设计，建筑物屏蔽作用强。此外，在强电磁环境要求通信系统有很高的抗干扰能力，同时又不能对自动控制设备构成干扰，特别是在紧急情况下，通话相对集中，保证通话顺畅是商业保障的重要环节，因此大楼需要能提供高密度高话音质量及高可靠性的无线通信网络。

图 6-5 所示为某大型酒店内部无线对讲系统。该无线对讲系统为发射式的双向通信系统，为保洁、保安、操作及服务人员，在酒店、车场及商业区内非固定位置执行职责提供通信。所有无线对讲天线的位置及数量能够覆盖整个酒店内所有范围，保证无通信死角，在消防控制室设置通信基站及中继器。无线对讲的主机设置在地下一层，内设远程控制单元与转发站，根据无线对讲应用场所面积与使用人员数量，分别在每层设置分配器与天线。

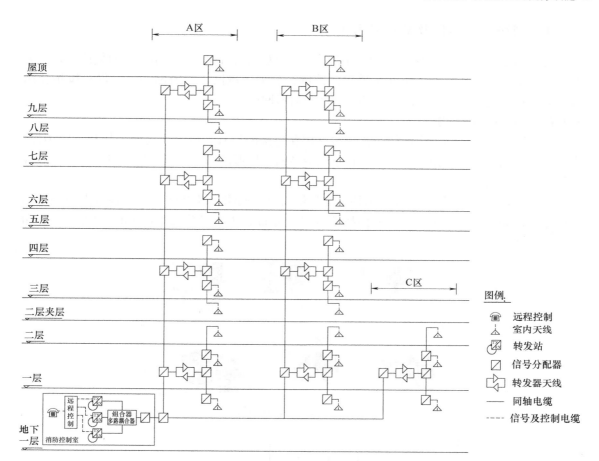

图 6-5　酒店无线对讲系统

6.3　信息网络系统

　　信息网络是把分布在不同地理位置、具有独立功能、自治的多个计算机系统通过通信设备和线路连接起来，在功能完善的网络软件和协议（如网络操作系统、网络协议）的管理下，以实现网络信息和资源共享的系统。

　　信息网络是计算机技术与通信技术的结合产物，完整的信息网络包括有 3 个方面的要素：①必须有两台或两台以上具有独立功能的计算机系统相互连接起来，以达到共享资源为目的；②两台或两台以上的计算机连接，互相通信交换信息，必须有一条通道，这条通道的连接是物理的，由物理介质来实现；③计算机系统之间的信息交换，必须有某种约定和规则，这就是协议，这些协议可以由硬件或软件来完成。

　　信息网络的主要功能：①数据通信功能，完成数据传输和信息交流；②资源共享功能，可实现硬件资源共享和软件资源共享。此外还可均衡网络负荷，提高计算机处理能力，对网络中计算机集中管理等。

6.3.1　网络体系结构及基本参考模型

信息网络分类方式有很多：按使用范围，分为专用网络和公用网络；按通信速率，分为低速网、中速网和高速网；按网络覆盖的范围，分为局域网、城域网和广域网；按拓扑结构，分为星形网络、总线型网络、环形网络和树形网络等。

6.3.1.1　网络拓扑结构

信息网络拓扑结构是指网络中各个站点相互连接的形式，可分为物理拓扑和逻辑拓扑。常用的信息网络的基本拓扑结构主要有总线型结构、星形结构、环形结构、树形结构、混合型结构和网状结构。

1）总线型拓扑结构：总线型拓扑结构是最简单的网络拓扑结构，它将各节点与一根总线相连接，如图6-6所示。总线型拓扑结构包含分布式队列双总线（Distributed Queue Dual Bus，DQDB），如图6-7所示。

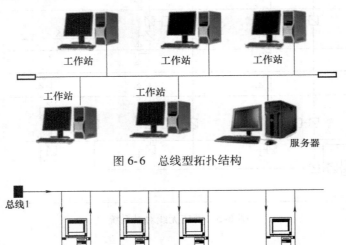

图6-6　总线型拓扑结构

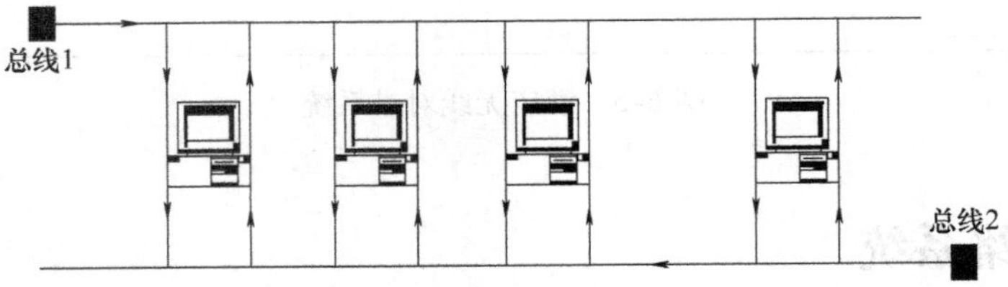

图6-7　双总线型拓扑结构

2）星形拓扑结构：将各工作站以星形方式连接起来，网络中的每一个节点设备都以中心节点为中心，如图6-8所示。综合布线中以一个建筑物配线架（BD）为中心节点，配置若干个楼层配线架（FD），每个楼层配线架（FD）连接若干个信息插座（TO），这种结构就是一个典型的两级星形拓扑结构；以某个建筑群配线架（CD）为中心节点，以若干建筑物配线架（BD）为中间层中心节点，相应地有再下层的楼层配线架（FD）和配线子系统，构成多级星形拓扑结构。

3）环形拓扑结构：环形结构中各节点通过环路接口连在一条首尾相连的闭合环形通信线路中，环路中各节点地位相同，环路上任何节点均可请求发送信息，请求一旦被批准，便可以向环路发送信息，如图6-9所示。环形网中的数据按照设计主要是单向传输，也可以双向传输（双环拓扑）。由于环线公用，一个节点发出的信息必须穿越环中所有的环路接口，信息流的目的地址与环上某节点地址相符时，信息被该节点的环路接口所接收，并继续流向下一环路接口，一直流回到发送该信息的环路接口为止。目前城域网和蜂窝移动通信网中的基站多采用环形拓扑结构。第一个 100Mbit/s 光纤局域网（Fiber Distributed Data Interface, FDDI）采用的就是双环拓扑结构。

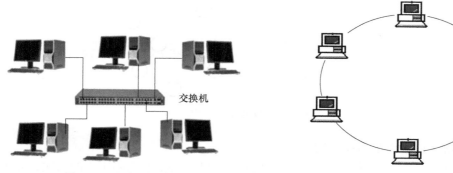

图 6-8　星形拓扑结构　　　　　　　　图 6-9　环形拓扑结构

4）树形拓扑结构：是总线型拓扑结构的一种演化，是一种分级结构，又称为分级的集中式网络结构。树形拓扑结构网络具有逐渐延伸的特点，而且常与其他拓扑结构组合使用。树形拓扑结构如图 6-10 所示。

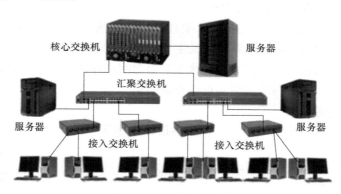

图 6-10　树形拓扑结构

5）混合型拓扑结构：利用网桥对本地局域网进行互联，可以采用内部网桥和外部网桥两种方式。混合型网络拓扑结构可以利用 FDDI 主干网进行互联或者利用交换机进行互联，如图 6-11 所示。

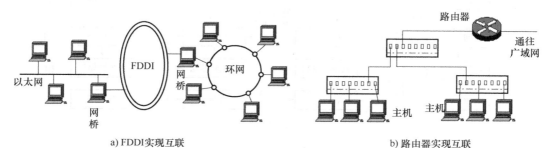

a) FDDI实现互联　　　　　　　　　　b) 路由器实现互联

图 6-11　混合型拓扑结构

6) 网状拓扑结构：将多个子网或多个网络连接起来构成网状拓扑结构，如图 6-12 所示。在一个子网中，集线器、中继器将多个设备连接起来，而桥接器、路由器及网关则将子网连接起来。

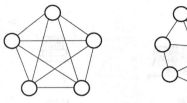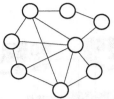

图 6-12　网状拓扑结构

6.3.1.2　网络体系结构及 OSI 模型

计算机之间为了更好通信合作，把计算机互联功能划分成有明确定义的层次，并固定同层次通信协议及相邻间的接口与服务，形成层次化网络体系结构。早期不同公司拥有自己的网络体系结构，随着社会的发展，不同网络体系结构的用户迫切要求能互相交换信息。国际标准化组织 ISO 于 1977 年成立专门机构研究这个问题。1978 年 ISO 提出了"异种机联网标准"的框架结构，这就是著名的开放系统互联基本参考模型（Open Systems Interconnection/Reference Modle，OSI/RM），简称为 OSI。

OSI 模型功能：OSI 七层模型是一种框架性的设计方法，建立七层模型主要目的是解决不同网络互联时所遇到的兼容性问题，其最主要的功能就是帮助不同类型的主机实现数据传输。它的最大优点是将服务、接口和协议这三个概念明确地区分开来，通过七个层次化的结构模型使不同的系统不同的网络之间实现可靠地通信。

1. OSI 基本参考模型

OSI 模型共七层，如图 6-13 所示，其中各层作用如下：

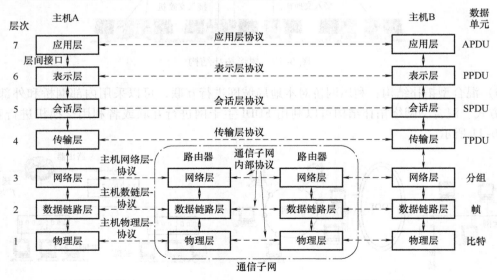

图 6-13　OSI 模型

第 7 层应用层：网络应用业务、数据用户接口，提供用户程序"接口"。

第 6 层表示层：数据的表现形式、特定功能的实现、格式变化数据、编码加密、解密压缩解压。

第 5 层会话层：允许不同机器上的用户之间建立会话、管理会话。

第 4 层传输层：实现网络不同主机上用户进程之间的数据通信、可靠与不可靠的传输、传输层的错误检测、用户进程无差错传输、流量控制等。

第 3 层网络层：提供逻辑地址（IP）、路由选择拥塞、控制线路无差错传输、数据从源端到目的端的传输。

第 2 层数据链路层：将上层数据封装成帧、用 MAC 地址访问媒介、错误检测与修正。

第 1 层物理层：定义物理设备标准、设备之间比特流的传输、物理接口、电气特性等。

2. OSI 基本参考模型与 TCP/IP 的区别

TCP/IP 是一组用于实现网络互联的通信协议。Internet 网络体系结构以 TCP/IP 为核心。基于 TCP/IP 的参考模型将协议分成四个层次，它们分别是网络访问层、网际互联层、传输层（主机到主机）和应用层。OSI 模型与 TCP/IP 体系的联系与区别如图 6-14 所示。

图 6-14　OSI 模型与 TCP/IP

1）应用层：对应于 OSI 参考模型的高层，为用户提供所需要的各种服务，如 FTP、Telnet、DNS、SMTP 等。

2）传输层：对应于 OSI 参考模型的传输层，为应用层实体提供端到端的通信功能，保证了数据包的顺序传送及数据的完整性。该层定义了两个主要的协议：传输控制协议（TCP）和用户数据报协议（UDP）。TCP 提供的是一种可靠的、连接的数据传输服务，而 UDP 提供的则是不保证可靠的、无连接的数据传输服务。

3）网际互联层：对应于 OSI 参考模型的网络层，主要解决主机到主机的通信问题。该层有三个主要协议：网际协议（IP）、互联网组管理协议（IGMP）和互联网控制报文协议（ICMP）。IP 是网际互联层最重要的协议，它提供的是一个可靠、无连接的数据报传递服务。

4）网络接入层（即主机-网络层）：与 OSI 参考模型中的物理层和数据链路层相对应。它负责监视数据在主机和网络之间的交换。事实上，TCP/IP 本身并未定义该层的协议，而由参与互连的各网络使用自己的物理层和数据链路层协议，然后与 TCP/IP 的网络接入层进行连接。地址解析协议（ARP）工作在此层，即 OSI 参考模型的数据链路层。

6.3.2　网络设备

网间互联设备用国际标准化组织的术语称为中继（Relay）系统。根据中继系统所在层次，可以分为以下 5 种类型：

1）物理层中继系统，即转发器（Repeater）。

2）数据链路层中继系统，即网桥或桥接器（Bridge）。

3）网络层中继系统，即路由器（Router）。

4）网桥和路由器的混合结构，称为桥路器（Brouter），它兼有网桥和路由器的功能。

5）网络层以上的中继系统，即网关（Gateway）。用网关连接两个不兼容的系统就要在高层进行协议转换。

1. 中继器

中继器是一种工作在物理层的互连设备，其作用就是一个放大器，它把接收的信号经过整形、放大后输出。中继器互连的网络一定是同一个网络，属于同一个网段，采用同一种物理层传输协议。中继器在网络中的使用受组网规则的限制，包括传输距离和接入的数量，可以延长网络的覆盖范围，但不能隔离网络中的广播风暴，并且扩大了分组碰撞冲突域。

2. 交换机

交换机具有"共享（Share）"和"交换（Switch）"两种功能。交换机构建的网络称为交换式网络，每一端口都是独享交换机的一部分总带宽，这样在速率上对于每个端口来说有了根本的保障。所有端口都能够同时进行全双工通信，在全双工模式下能够提供双倍的传输效率，可以在同一时刻进行多个节点对之间的数据传输，每一节点都可视为独立的网段，连接在其上的网络设备独自享用有固定的一部分带宽，无需同其他设备竞争使用。交换机的主要功能包括物理编址、网络结构拓扑、错误校验、帧序列及流量控制。一些高档交换机还具备了一些新的功能，如 VLAN（虚拟局域网）的支持、对链路汇聚的支持，甚至有的还具有路由和防火墙的功能。

3. 路由器

路由器是连接两个不同类型网络的互联设备。它提供比网桥更高一层的局域网互连，即 OSI 模型的第 3 层（网络层）。路由器与高层协议有关，因此智能性更强，不仅具有路径选择能力和传输能力，当网络系统中某一链路不通时，它会选择一条好的链路完成通信。此外，路由器还有选择最短路径的能力，适合于大型、复杂的网络互联。路由器是一种具有多个输入端口和多个输出端口的专用计算机，它的任务是转发分组（数据包），选择出两节点间的最近、最快的传输路径，连接不同类型的网络。当网络中某条路径被拆除或拥挤阻塞时，路由器可提供一条新路径。

4. 网桥

网桥是使用不同通信协议的两个相同类型网络的互连设备。网桥可有效地连接两个局域网，使本地通信限制在本地网段内，并转发相应的信号至另一网段。这样有两个好处：其一是可把一个大的局域网分成两个较小的局域网，使局域网的距离长度增加一倍，网上连接的设备数量和通信量也可增加一倍，仍然能保持局域网的性能不下降；其二是用两个网桥通过公共通信链路连接，可连接两个远程的局域网。

5. 网关

网关又称网间连接器、协议转换器。网关在网络层以上实现网络互联，是最复杂的网络互联设备，仅用于两个高层协议不同的网络互联。网关既可以用于广域网互联，也可以用于局域网互联。网关是一种充当转换重任的计算机系统或设备，使用在不同的通信协议、数据格式或语言，甚至体系结构完全不同的两种系统之间。网关是一个翻译器，与网桥只是简单地传达信息不同，网关对收到的信息要重新打包，以适应目的系统的需求。

6.3.3 局域网

计算机网络将分布在不同地方的计算机联系起来，通过计算机网络，人们可以高速及时地传递信息，共享信息资源和计算机资源。

局域网（Local Area Network，LAN）是在一个局部的地理范围内，将各种计算机、外部设备和数据库等互相连接起来组成的计算机通信网。它可以通过数据通信网或专用数据电路与远方的局域网、数据库或处理中心相连接，构成一个较大范围的信息处理系统。局域网由网络硬件、网络传输介质和网络软件组成。局域网可以实现文件管理、应用软件共享、打印机共享、扫描仪共享、工作组内的日程安排、电子邮件和传真通信服务等功能。

信息传输速度快和准确性高是建筑智能化的最重要的指标，局域网的设计主要围绕这个指标进行。智能建筑中局域网不仅要完成对网络系统环境中的各种资源进行监测、控制和协调等任务，而且要求网络连续可靠地工作并最大可能地为用户提供网上信息安全，同时要求全部工作人员可以共享网上资源、实现数据交换等。

智能建筑局域网管理服务主要是指管理局域网的内部，包括配置管理、平安管理、故障管理。智能建筑局域网配置管理的任务是识别网上设备和用户，收集必要的数据，为通信系统的初始化提供数据，并提供连续可靠的连接，目的是随时了解网络系统的拓扑结构、所交换的信息，包括连接前静态设定的和连接后动态更新的信息；智能建筑局域网的平安管理包括平安特征的管理和管理信息的平安，平安特征的管理提供平安的服务以及安全机制变化的控制，管理信息的平安是保证管理信息自身的平安，要限制没有授权的用户或者具有破坏性的用户对网络的访问，控制网上的合法用户只能访问自己权限范围内的资源，保护网上处理的信息不会在传输时被泄露和修改；智能建筑局域网的故障管理负责对系统运行中的异常情况进行检测、隔离和更正，包括警报管理、事件演进管理、日志控制、测试管理及诊断测试。

6.3.3.1 以太网

以太网（Ethernet）使用 SCMA/CD（载波监听多路讯问及冲突检测）技术，是一个符合 IEEE 802.3 协议标准的局域网络，它以 10M/100M/1G/10Gbit/s 的速率在互连设备之间传送数据包。以太网是目前应用最为广泛的局域网，其技术先进而且成熟，实时性强，性能稳定，很大程度上取代了其他局域网标准，如令牌环、FDDI 等。以太网发展趋势及其技术支持见表 6-1。

表6-1 以太网发展趋势及其技术支持

名 称		传输速率	传输介质	技 术 特 征	应 用
快速以太网	100Base-TX	100Mbit/s	5类及以上非屏蔽对绞电缆	1. 支持全双工的数据传输 2. 两对对绞线，一对用于接收数据，一对用于发送数据 3. 最大传输距离为100m	适用于用户端接入系统
	100Base-T4		3类及以上非屏蔽对绞电缆	1. 4对对绞电缆，3对用于传送数据，1对用于检测冲突信号 2. 最大传输距离为100m，每对对绞线的传输速率为33.3Mbit/s	—
	100Base-FX		多模光纤62.5/125μm 单模光纤9/125μm	1. 支持全双工的数据传输 2. 多模光纤连接的最大传输距离为2km，单模光纤连接的最大传输距离为3~5km	适用于建筑物或建筑群、住宅小区等的局域网
千兆以太网	1000Base-T	1000Mbit/s	5类及以上非屏蔽对绞电缆	对绞线传输速率为250Mbit/s，最长传输距离为100m	可引至桌面终端
	1000Base-CX		5类及以上非屏蔽对绞电缆	最大传输距离为25m，使用9针D形连接器	机房内设备之间的互连
	1000Base-LX		多模光纤62.5/125μm 单模光纤9/125μm	全双工模式下，多模光纤最大传输距离为550m，单模光纤最大传输距离可达5km，连接光缆使用SC标准光纤连接器	适用于建筑物或建筑群、校园、住宅小区等的主干网
	1000Base-SX		62.5μm 和 50μm 两种多模光纤	全双工模式下，62.5μm多模光纤最大传输距离为275m，50μm多模光纤最大传输距离为550m	适用于建筑物或建筑群的主干网
万兆以太网	10GBase-X 10GBase-R 10GBase-W 10GBase-LX4	10Gbit/s	多模和零水峰单模光纤	1. 只支持全双工，传输距离取决于干媒体上信号传输的有效性 2. 支持星形局域网拓扑结构，采用点对点连接的结构化布线	适用于大型网络的主干网
	10GBase-T		对绞电缆	6类: 55m，宜采用STP，机房内设备间互连 6A类以上: 100m，宜采用STP，可引至桌面终端	适用于用户端接入系统
无线局域网	802.11b	11Mbit/s	自由空间	1. 兼容性: 对于室内使用的无线局域网，应与已有的有线局域网连接 2. 通信保密: 由于数据通过无线网络传输，不同层次采取有效的措施以提高通信保密和数据安全性能 3. 移动性: 支持全移动网络或半移动网络 4. 电磁环境: 无线局域网应考虑电磁波对人体和周边环境的影响问题	无固定工作场所的使用者，有线局域网架受环境限制，作为有线局域网的备用系统
	802.11a	54Mbit/s			
	802.11g	54Mbit/s			
	802.11z	108Mbit/s 及更高			

6.3.3.2 虚拟专用网

虚拟专用网（Virtual Private Network，VPN）是将分布在不同地点的网络通过公共网络连接起来，形成逻辑上的专用网络。与自己搭建专用网相比，采用 VPN 技术，利用已有的公网设施和 Internet，配备简单的 VPN 设备，可以大大降低专网建设费用和建设周期。为了保障信息传递的安全性，VPN 具备身份鉴别、访问控制、数据保密和完整等功能，以防止信息的泄露。实现 VPN 的解决方案有很多种，此处仅介绍 IP VPN 技术。

目前 IP VPN 的应用模式主要有两种：一种是不同地点的 LAN 通过 VPN 互连，如企业总部与其他地区分部之间的连网、上级政府与下级政府之间的连网、一个大学的多个校区之间的连网等。如图 6-15 所示，一个机构所有的 LAN 通过路由器接入公共网络，在各路由器之间建立通道，提供 VPN 服务。数据在各 LAN 内部是明文传送，而在公共网络中则是密文传送，加密等过程是在路由器中完成的。路由器之间通过身份认证后，便建立了 VPN 通道，LAN 中的主机感受不到 VPN 的存在。

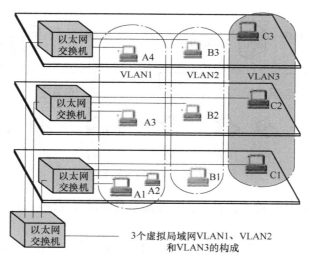

图 6-15　VPN 构建

另一种模式是远程主机与 LAN 通过 VPN 连网，如出差的公司业务员与公司本部联网、外出勤的公务员与机关联网、放假在家的学生访问学校的图书馆等。远端的 PC 运行 VPN 客户端软件，接入 Internet 后，通过单位本部的 VPN 网关进行身份认证，通过认证后就可以访问单位的各种资源或与其他主机进行通信，而 LAN 中的各主机无需安装任何附加的软件，也不需要做任何改动，与没有 VPN 网关时是完全相同的。

6.3.3.3 计算机网络系统设备选型

图 6-16 所示为计算机网络的基本结构，下面对计算机网络设计中设备选型方法进行介绍。

1. 交换机选型要点

选择千兆交换机原则上考虑以下 4 点。

1）实用性与先进性相结合的原则。千兆交换机价格较高，但不同品牌的产品差异较大，功能也不一样，因此选择时不能只看品牌或追求价高，也不能只看价钱较低，应该根据

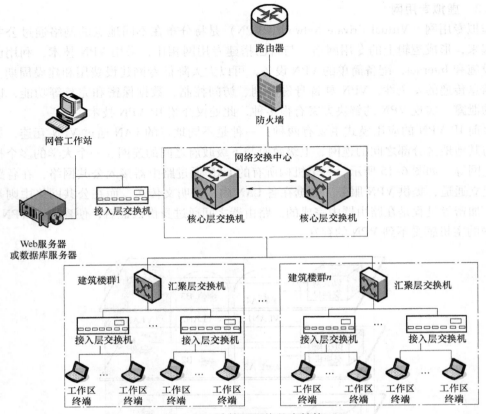

图 6-16 计算机网络基本结构

应用的实际情况，选择性能价格比较高，既能满足目前需要又能适应未来几年网络发展的交换机，力求避免重复投资或超前投资。

2）选择市场主流产品的原则。选择千兆交换机时，应选择在国内市场上占有相当份额的产品，并且该产品应具有高性能、高可靠性、高安全性、可扩展性、可维护性。

3）安全可靠的原则。交换机的安全决定了网络系统的安全，其安全主要体现在 VLAN部分交换机的过滤技术。

4）产品与服务相结合的原则。选择交换机时，既要看产品的品牌又要看生产厂家和销售厂家是否有强大的技术支持及良好的售后服务。

2. 防火墙选型要点

为了适应不同客户的要求，防火墙也衍生了各种特定的产品，对于用户来说，就需要因地制宜选择适合本单位所需要的产品。可以从以下几个方面进行防火墙选型：宏观因素、基本原则、管理因素、功能因素、性能因素、抗攻击能力因素等。

3. 路由器选型要点

路由器选型应考虑路由器的基本功能、路由器技术和协议、路由器种类（基本路由器、模块化路由器、单协议路由器以及多协议路由器）以及路由器在网络互联中的作用。

4. 网络工作站选型要点

网络工作站通常是计算机网络的用户终端设备，一般指个人计算机，主要完成数据传输、信息浏览和桌面数据处理等功能。在客户/服务器网络中，网络工作站称为客户机。工作站选型时应考虑工作站的体系结构、性能、存储等几个方面。

5. 服务器选型要点

服务器是一个被网络工作站访问的计算机系统，通常是一台高性能计算机，它是网络的核心设备。服务器按计算机的性能可分为大型机服务器、小型机服务器、工作站服务器。如果按所提供的服务又可分为文件服务器、打印服务器、数据库服务器、Web 服务器、电子邮件服务器、代理服务器、应用服务器等。

6. 服务器操作系统

作为服务器软件的基础，操作系统常常被人们所忽略，但是随着企业业务变得越来越复杂，选择合适的操作系统也就显得越来越重要，现在的操作系统在商务活动的组织和实施过程中发挥着支配作用。

6.3.4 控制网络

智能建筑中的建筑设备自动化系统是运用计算机技术、自动控制技术、检测与传感技术等将建筑物内设备进行自动化控制与管理的综合系统，其实质是一个工业控制网络，但与一般工业控制网络相比又有着明显的区别，目前智能建筑中的控制网络广泛采用了工业控制中的现场总线技术来实现对系统的控制。

现场总线可将自动化最底层的现场控制器和现场智能设备互连成为实时的控制通信网络，解决现场底层设备间的数字通信问题，进一步可以解决这些底层设备与高层控制系统之间的信息传递问题。通过它可以实现跨网络的分布式控制，在制造业、流程工业、交通、楼宇等方面的自动化系统中具有广泛的应用。现场总线技术有以下特点：

1）系统的开放性：开放系统是指通信协议公开，各不同厂家的设备之间可进行互连并实现信息交换的系统。现场总线开发者就是要致力于建立统一的工厂底层网络的开放系统。这里的开放是指对相关标准的一致性、公开性，强调对标准的共识与遵从。一个开放系统，它可以与任何遵守相同标准的其他设备或系统相连。一个具有总线功能的现场总线网络系统必须是开放的，开放系统把系统集成的权利交给了用户。

2）互可操作性与互用性：这里的互可操作性是指实现互连设备间、系统间的信息传送与沟通，可实行点对点、一点对多点的数字通信。而互用性则意味着不同生产厂家的性能类似的设备可进行互换而实现互用。

3）现场设备的智能化与功能自治性：现场总线将传感测量、补偿计算、工程量处理与控制等功能分散到现场设备中完成，仅靠现场设备即可完成自动控制的基本功能，并可随时诊断设备的运行状态。

4）系统结构的高度分散性：由于现场设备本身已可完成自动控制的基本功能，使得现场总线已构成一种新的全分布式控制系统的体系结构，从根本上改变了现有集中与分散相结合的集散控制系统体系，简化了系统结构，提高了可靠性。

有较强实力和影响的现场总线有 Foundation Fieldbus（FF）、LonWorks、PROFIBUS、HART、CAN 等，在智能建筑中广泛应用的现场总线有 LonWorks、PROFIBUS、BACnet 等，下面分别介绍。

1. LonWorks

LonWorks 是具有强劲实力的现场总线技术，它是由美国 Echelon 公司推出并与 Motorola、东芝公司共同倡导，于 1990 年正式公布而形成的。它采用了 ISO/OSI 模型的全部七层通信协议，采用了面向对象的设计方法，通过网络变量把网络通信设计简化为参数设置，其通信速率从 300bit/s 至 15Mbit/s 不等，直接通信距离可达到 2700m（78kbit/s 对绞线），支持对绞线、同轴电缆、光纤、射频、红外线、电源线等多种通信介质，被誉为通用控制网络。

LonWorks 广泛应用在楼宇自动化、家庭自动化、保安系统、办公设备等行业。为了支持 LonWorks 与其他协议和网络之间的互联与互操作，Echelon 公司正在开发各种网关，以便将 LonWorks 与以太网、FF、Modebus、DeviceNet、PROFIBUS、Serplex 等互连为系统。另外，在开发智能通信接口、智能传感器方面，LonWorks 神经元芯片也具有独特的优势。

2. PROFIBUS

PROFIBUS 于 1996 年被批准为欧洲标准，PROFIBUS 产品在世界市场上已被普遍接受。PROFIBUS 由 PROFIBUS-DP、PROFIBUS-FMS 和 PROFIBUS-PA 三个标准组成。DP 型用于分散外设间的高速传输，适合于加工自动化领域的应用；FMS 型为现场信息规范，适用于纺织、楼宇自动化、可编程序控制器、低压开关等一般自动化；而 PA 型则是用于过程自动化的总线类型，它遵从 IEC 1158-2 标准。

3. BACnet

BACnet 标准是楼宇自动控制领域中第一个开放性的组织标准，不属于某个公司专有，任何公司或个人均可以参加该标准的讨论和修改工作，且对该标准的开发和使用没有任何权利限制。BACnet 确立了不必考虑生产厂家、各种兼容系统在不依赖任何专用芯片组的情况下，相互开放通信的基本规则。目前，BACnet 已成为国际上智能建筑发展的方向和主流通信协议，是一项极具开拓性的技术。它使不同厂商生产的设备与系统在互连和互操作的基础上实现无缝集成成为可能，充分体现了楼宇自控领域的先进技术，并代表了该领域发展的最新方向。

4. 基金会现场总线

基金会现场总线（Foundation Fieldbus，FF）。以 ISO/OSI 模型为基础，取其物理层、数据链路层、应用层为 FF 通信模型的相应层次，并在应用层上增加了用户层。

基金会现场总线分低速 H1 和高速 H2 两种通信速率。H1 的传输速率为 31.25kbit/s，通信距离可达 1900m（可加中继器延长），可支持总线供电，支持本质安全防爆环境。H2 的传输速率为 1Mbit/s 和 25Mbit/s 两种，其通信距离为 750m 和 500m。基金会现场总线的物理传输介质可支持对绞线、光缆和无线发射，协议符合 IEC 1158-2 标准。其物理媒介的传输信号采用曼彻斯特编码。

6.3.5 无线网

无线网技术在智能建筑中的应用已经深入到智能建筑的每一个角落，在智能建筑的各应用系统中越来多地采用无线技术，不仅在信息网络、通信类的子系统中大量使用了无线网络和无线通信，而且在各个物联子系统内越来越多地采用无线技术，在系统的设备和设施上配置了相应的无线接口模块或无线网关。特别是近十余年来，移动通信技术急剧发展，在可靠、安全和传输率的性能上获得了很大的提高，智能移动终端产品的广泛应用，极大地促进了智能建筑管理和监控层面的远程、移动应用，同时无线个人域网络（WPAN）技术也在飞快发展。ZigBee 和蓝牙等短距离、小范围无线通信网络产品在智能楼宇和智能家居中获得了广泛应用，应用在智能建筑传感设备上的无线射频技术，特别是对于条码和二维码识别的应用目前已随处可见。

6.3.5.1　无线网的特点

无线网络技术有其固有的特点，既可以节省敷设缆线的昂贵开支，避免缆线端接的不可靠性，同时又可以满足智能设备在一定范围内任意更换地理位置的需要，且实施方便、使用方便、适应移动应用等。但也有其弱点，信息安全性、传输可靠性、传输速率不如有线网络，室内或地下需要信号增强，且易受电磁场环境干扰等。例如，工作频率在 2.4GHz 的Wi-Fi 技术，容易受到周围环境中同样工作在 2.4GHz 的微波炉或手机蓝牙等设备的干扰。

无线网主要特点如下：

1）灵活性和移动性。在有线网络中，网络设备的安放位置受网络位置的限制，而无线局域网在无线信号覆盖区域内的任何一个位置都可以接入网络。无线局域网另一个最大的优点在于其移动性，连接到无线局域网的用户可以移动且能同时与网络保持连接。

2）安装便捷。无线局域网可以免去或最大程度地减少网络布线的工作量，一般只要安装一个或多个接入点设备，就可建立覆盖整个区域的局域网络。

3）易于进行网络规划和调整。对于有线网络来说，办公地点或网络拓扑的改变通常意味着重新建网。重新布线是一个昂贵、费时、费力和琐碎的过程，无线局域网可以避免或减少以上情况的发生。

4）故障定位容易。有线网络一旦出现物理故障，尤其是由于线路连接不良而造成的网络中断，往往很难查明，而且检修线路需要付出很大的代价。无线网络则很容易定位故障，只需更换故障设备即可恢复网络连接。

6.3.5.2　智能建筑无线技术

目前使用较广泛的无线通信技术是蓝牙（Bluetooth）、无线局域网 802.11（Wi-Fi）和红外数据传输（IrDA）。同时，还有一些具有发展潜力的近距无线技术标准，它们分别是ZigBee、WiMax、超宽带（Ultra Wideband）、短距通信（NFC）、WiMedia、GPRS、EDGE、无线1394。它们都有其立足的特点，或基于传输速度、距离、耗电量的特殊要求，或着眼于功能的扩充性，或符合某些单一应用的特别要求，或建立竞争技术的差异化等，但是没有一种技术可以完美到足以满足所有的需求。

1. 蓝牙技术

蓝牙技术（Bluetooth Technology）是使用 2.4GHz 的 ISM（Industrial Scientific Medical）公用频道的一种短距离、低成本的无线接入技术，主要应用于近距离的语音和数据传输业务。根据发射功率的不同，蓝牙设备之间的有效通信距离为 10～100m。蓝牙设备组网灵活，提供点对点和点对多点的无线连接，基于 TDMA 原理组网。蓝牙技术除采用跳频扩展技术和低发射功率等常规安全技术外，还采用三级安全模式进行管理控制。

在智能建筑方面，蓝牙技术可以将各类数据终端及语音终端，如 PC、笔记本计算机、传真机、打印机等连接起来，形成一个蓝牙微微网，多个微微网又可以实现互联，形成一个分布式网络，实现网络内的终端设备的通信。蓝牙分布式网络是有线网络的重要补充，在智能建筑中存在大量的智能终端和设备需要连接网络，但有线网络还有覆盖不到的地方，如无法布线的场所、热点地区和移动性场所，采用蓝牙方式的自动连接进行近距离联网就有一定的优势。从发展的角度讲，家电产品的数字化、信息化、多功能化在 Internet 和家庭网络的基础上，以无线连接的方式实现双向传输是一个发展趋势，蓝牙技术能够满足信息家电网络互联的需求。蓝牙技术还应用于停车场管理系统，自动识别车辆。蓝牙芯片仅仅是有几十平方毫米面积的无线收发器功能模块，它可方便地嵌入到便携式通信终端中去，实现外部无物理连接的工作。

2. Wi-Fi（IEEE 802.11）

Wi-Fi 使用 IEEE 802.11b 或 802.11a 或 802.11g 或 802.11n 无线电技术，提供安全、可靠、快速的无线连通性。IEEE 802.11 定义了两种类型的设备：一种是无线站，通常是通过一台 PC 加上一块无线网络接口卡构成的；另一种称为无线接入点（Access Point，AP），它的作用是提供无线和有线网络之间的桥接。

3. ZigBee（IEEE 802.15.4）

ZigBee 技术是一种近距离、短时延、低功耗、低速率、低成本的双向无线通信技术，主要用于距离短、功耗低且传输速率不高的各种电子设备之间进行数据传输以及典型的有周期性数据、间歇性数据和低反应时间数据传输。

ZigBee 采用基本的主从结构配合静态的星形网络，因此更适合于使用频率低、传输速率低的设备。在建筑智能化领域各种灯光的控制、气体的感应与监测，如煤气泄漏的感应和报警都可以应用 ZigBee 技术。再如，四表（电表、煤气表、暖气表和水表）上采用 ZigBee 技术，相关管理部门不但可以实现自动抄表功能，而且可以监控仪表如电表的状态，防止偷电漏电事件的发生。

4. NB-IoT 及 LoRa 技术

在中国的低功耗广域网领域，NB-IoT 和 LoRa 无疑是最为热门的两种低功耗广域网技术。两者形成了两大技术阵营，一方是以华为为代表的 NB-IoT，另一方是以中兴为代表的 LoRa。

无论是 NB-IoT 还是 LoRa 的网络都需要无线射频芯片来实现连接和部署。NB-IoT 和 LoRa 都采用了星形网络拓扑结构，通过一个网关或基站就可以大范围地覆盖网络信号。

这些关键特征使得 NB-IoT 和 LoRa 技术非常适用于要求功耗低、距离远、大量连接以及定位跟踪等的物联网应用，如智能抄表、智能停车、车辆追踪、宠物跟踪、智慧农业、智慧工业、智慧城市、智慧社区等。

6.3.6 信息网络工程实例

某大学校园网络系统建设的总体规划采用核心、汇聚、接入三层网络架构，核心设备放置在图文信息中心大楼，根据地理位置和校园内信息点分布情况，分别在公共教学楼、通用工程学科群院系统楼、商船类学科群院系统楼和学生宿舍楼设置 4 个主汇聚节点，如图 6-17 所示。

图文信息中心大楼网络核心采用两台 CATALYST 6509 互为备份。两台核心交换机之间通过运行 HSRP 热备份路由协议，实现故障的自动诊断以及故障发生后的自动切换功能。同时，两台 CATALYST 6509 之间采用两个万兆端口进行双链路互联，设备间的吞吐量可以达到 20Gbit/s。在物理链路之间，通过采用端口聚合协议可以最有效地自动平衡通信负载。

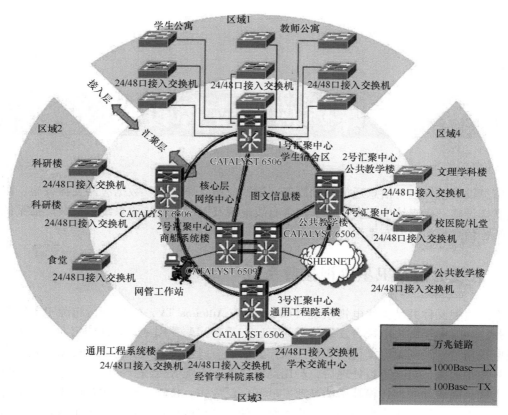

图 6-17　某校园网规划图

至于局域网的扩展，对于接入信息点，可以很方便地在各分配线间根据需要增加接入交换机，与原有接入交换机堆叠。而核心配置的 CATALYST 6509 更具有强大的扩展性，它是插槽式交换机，以后可根据需要配置 I/O 模块，本次配置还余有 5 个空余插槽，能满足未来一定时间内的扩展需要。

第7章

多媒体应用支撑设施

信息设施系统包含信息通信基础设施、语音应用支撑设施、数据应用支撑设施、多媒体应用支撑设施。多媒体应用支撑设施包含有线电视及卫星电视接收系统、公共广播系统、会议系统、信息导引及发布系统、时钟系统。

7.1 有线电视及卫星电视接收系统

有线电视又称共用天线电视系统（Community Antenna TV，CATV），起源于美国宾夕法尼亚州，当时为了解决电视台发射信号的盲区和重影问题，用一套高性能定向接收天线接收广播电视信号，经同轴电缆传输和分配入户，形成有线电视系统。有线电视系统是将多路电视信号集中起来，对其进行处理后，利用高频电缆、光缆等传输介质统一进行传输与分配的闭路电视。随着互联网传输技术的高速发展和广泛应用，传输电缆不再局限于同轴电缆，目前有线电视已广泛采用光缆与同轴电缆相结合的混合组网传输方式，具备了宽带、双向、高速网的特征。

卫星电视是利用地球同步卫星将数字编码压缩的电视信号传输到用户端的一种广播电视形式。

7.1.1 有线及卫星电视系统

1. 有线电视系统的组成

有线电视系统由信号源、前端系统、干线传输系统、用户分配系统组成，如图7-1所示。电视系统常用部件包括混合器、放大器、频道转换器、电视调制器、分配器、分支器、用户接线盒和同轴电缆（或光缆）。

（1）信号源

有线电视节目来源包括卫星地面站接收的模拟和数字电视信号、本地微波站发射的电视信号、本地电视台发射的电视信号等。为实现信号源的播放，信号源机房内有卫星接收机、模拟和数字播放机、多功能控制台、摄像机、图文处理设备、视频服务器以及用户管理控制设备等。

（2）前端系统

前端系统接在信号源与干线传输网络之间。它把接收来的电视信号进行处理后，再把全部电视信号经混合器混合，送入干线传输网络，以实现多信号的单路传输。前端设备输出可接电缆干线，也可接光缆和微波干线。

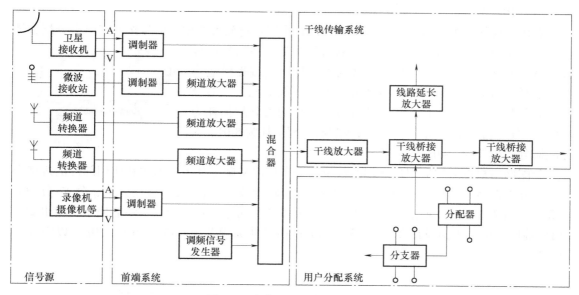

图 7-1　有线电视系统组成框图

前端系统的主要设备有混合器、频道转换器、信号放大器、调制器、均衡器、衰减器等。混合器是将两个或多个输入端上的信号馈送给一个输出端的装置。混合器在 CATV 系统中能将多路电视信号和声音信号混合成一路，共用一根射频同轴电缆进行传输，实现多路复用目的。频道转换器也称为频率变换器，它可以将一个或多个信号的载波频率加以改变。有线电视信号放大器是 CATV 系统中重要的器件之一，主要作用是补偿有线电视信号在传输过程中的衰减，以使信号能够稳定、优质、远距离传输。调制器是将本地制作的摄像节目信号、录像节目信号、由卫星电视接收或微波中继传来的视频信号及音频信号变换成射频已调制信号的装置。

（3）干线传输系统

传输网络处于前端设备和用户分配网络之间，其作用是将前端输出的各种信号不失真地、稳定地传输给用户分配部分。传输媒介可以是同轴电缆、光缆、微波或它们的组合，当前使用最多的是光缆和同轴电缆混合（Hybrid Fiber-Coaxial，HFC）传输，如图 7-2 所示。HFC 网络可分为单向传输 HFC 和双向传输 HFC。单向 HFC 数据传输网与传统同轴电缆传输网类似，先对模拟电视信号进行数据调制，然后把数据调制信息进行射频调制，最后把不同频道的射频信号进行混合，用一根光缆传输，接收时再用解调器进行解调；双向 HFC 数字通信系统主要由发送端和用户端的电缆调制/解调器组成。

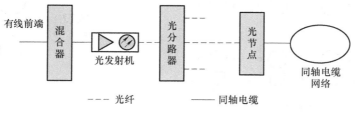

图 7-2　HFC 传输示意图

（4）用户分配系统

有线电视的分配网络采用电缆传输时，其作用是将放大器输出信号按一定电平分配给楼栋单元和用户。用户分配网络把前端输出的高频电视信号通过分配器、分支器、放大器和传输电缆为每个用户终端提供适当信号电平，图 7-3 所示为有线电视分配器。一般情况下，对分配器的分配损耗通常可按下述参数计算：二分配器分配损耗为4dB，三分配器分配损耗为6dB，四分配器分配损耗为8dB，六分配器分配损耗为10dB。

图 7-3　有线电视分配器

分配网络根据 CATV 用户终端的数量和分布情况来确定其组成形式和所用部件的规格及数量。分配网络基本形式有分配-分配方式、分支-分支方式、分配-分支方式、分支-分配方式等，如图 7-4 所示。通过各种分支器、分配器的不同选取和组合，最终能使系统输出端口（用户端口）的电平值设计在（70±5）dBμV 以内（非邻频系统）或（65±4）dBμV 以内（邻频系统）。

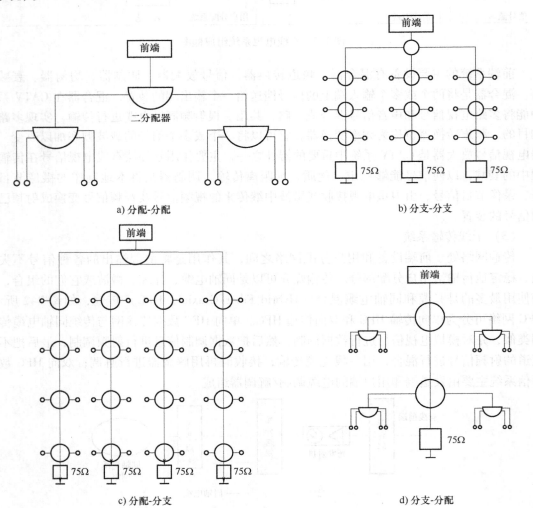

a) 分配-分配

b) 分支-分支

c) 分配-分支

d) 分支-分配

图 7-4　分配网络基本形式

2. 卫星电视系统

卫星通信是指利用人造地球通信卫星做中继站转发或发射无线电信号,在两个或多个地球卫星地面站之间进行通信。卫星电视广播系统由上行发射站、卫星星体和下行接收站三大部分组成。

1)上行发射站的任务是把信号、节目发送给卫星星体。

2)卫星星体接收上行发射站发来的信息,通过星载转发器按某波段向下行接收的卫星地面站发射信息。

3)下行接收卫星地面站接收卫星发回的信息。

卫星电视接收系统由接收天线、高频头、功率分配器和卫星接收机组成。

卫星电视接收系统主要作用是接收电视信号并将电视信号解调。微波接收天线、高频头放置于室外,称为室外单元设备;卫星接收机放置在室内,称为室内单元设备。室外单元设备与室内单元设备之间可通过同轴电缆相连。来自卫星转发器的电磁波经接收天线反射后集中到高频头,高频头将微波进行放大和变频输出一个中频信号,该信号通过功率分配器分配给各卫星接收机,然后将各卫星接收机解调出来的复合视频信号通过CATV 前端设备中的频道调制器进行再调制变换成适合网络传输的射频信号,最后传输分配给各用户端口。

卫星接收天线的功能是聚焦卫星传送来的微弱电磁波,并把电磁波变成电信号,经高频头放大变频后送至卫星接收机。卫星天线如图 7-5 所示,通常由抛物面反射板与放置在抛物面凹面镜焦点处的馈源和高频头组成。

图 7-5　卫星电视天线

7.1.2　有线及卫星电视系统设计

CATV 系统方案设计是否合理不仅涉及系统功能、图像和伴音的质量、系统的稳定性和可靠性,还涉及工程造价,因此系统设计应尽量做到技术先进、经济合理、安全适用。

7.1.2.1　有线电视系统工程设计和施工现行国家标准

有线电视系统工程设计和施工必须符合下列现行国家标准:

GB 50198—2011《民用闭路监视电视系统工程技术规范》;

GB/T 50200—2018《有线电视网络工程设计标准》;

GB/T 11442—2017《C 频段卫星电视接收站通用规范》;

GY/T 106—1999《有线电视广播系统技术规范》;

GB/T 6510—1996《电视和声音信号的电缆分配系统》;

JGJ 16—2008《民用建筑电气设计规范(附条文说明[另册])》中第 15 章有线电视和卫星电视接收系统规定。

此外还需要贯彻国家技术政策方面的规定,并能适应当地广播电视和有线电视网的总体规划。

7.1.2.2　系统设计步骤

1. 系统设计原则

1)系统设计应以国家标准规定的指标为依据,前端设备、放大器和信号分配设备选用国内外先进技术水准的产品，使整个系统工程在今后 5~10 年内，根据社会发展的需要有充分发展的余地。

2）有线电视系统规模按用户终端数量多少分为下列 4 类：

A 类：用户数在 10000 以上，传输距离 1km 以上。

B 类：用户数 2001~10000，传输距离 500m~1km。

C 类：用户数 301~2000，传输距离 500m 以下。

D 类：用户数 300 以下，单幢楼无干扰系统。

3）城市有线电视系统传输方式有同轴电缆、光缆及 HFC 网络，应按双向设计。

4）主干线及部分支干线应使用光缆传输，采用星形拓扑结构。选择合理的分配方案，分配网络可使用同轴电缆，采用星形为主或星形-树形结合的拓扑结构，尽量减少串接分支器，保证系统的均衡。

5）建筑物与建筑群内采用 HFC 传输时，设分前端或子分前端，由光缆、同轴电缆分配网及用户终端组成。

6）分配设备的空闲端口和分支器的输出终端均应终接 75Ω 负载电阻。

2. 设计技术准备

1）了解终端用户总数量及分布情况。

2）了解电视频道的数量、频率范围和节目类别；是否要传送卫星电视节目（节目套数、接收哪些卫星、接收波段等），是否要播放录像（同时播放几套、是否要视频点播），是否要接收 FM 调频广播，是否要传输数据等。

3）系统安装方式：用户分配系统是明装还是暗装，干线传输是架空还是地埋。

4）系统所处环境：是高层建筑还是多层楼房；系统包括的范围和当地的场强估测。

5）查看施工区域的建筑设计平面图及相关剖面图、上下水管道及暖气管道分布图，以便合理安排系统电缆走向。

3. 确定总体方案

系统总体方案设计依据系统功能、频率范围、用户电平、信号载噪比（C/N）等技术指标来确定系统前端类型、传输分配网络、传输干线走向等。系统总体方案设计过程如下：

1）确定使用频道：根据信号源数量确定频道设置，并预留若干频道作为扩展和备份，采用必要措施（如变换频道等）避免邻频频谱的组合频率干扰。

2）确定系统模式：根据信号源质量、系统功能、系统规模等确定系统模式。基本系统模式有以下 4 种：

① 无干线传输系统模式。这种模式是把前端输出的射频信号直接送给用户分配系统，适用于终端用户少且集中、传输距离近的小系统，如图 7-6 所示。

② 独立前端系统模式。这种模式由前端、干线、支线和用户分配网组成，是典型的有线电视传输分配系统，适用于用户数量多、分散的情况，有多条用户支线，如图 7-7 所示。

③ 具有中心前端的系统模式。这种模式适用于规模较大、传输距离远的 CATV 系统，除具有本地主前端外，还在分散覆盖的地域设置中心前端。本地主前端可用干线或超干线与各地域的中心前端相连，各地域的中心前端再通过干线和支线与用户分配网络相连，如图 7-8 所示。

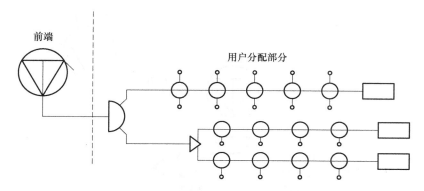

图 7-6　无干线传输系统模式

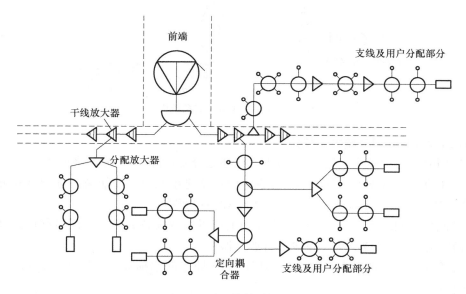

图 7-7　独立前端系统模式

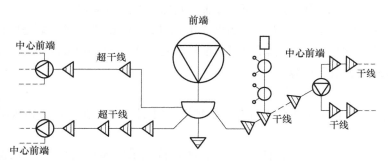

图 7-8　具有中心前端的系统模式

④ 具有远地前端的系统模式。这种模式适用于前端距信号源太远，需要在信号源附近设置远地前端，经光纤超干线将信号送至本地前端，如图 7-9 所示。

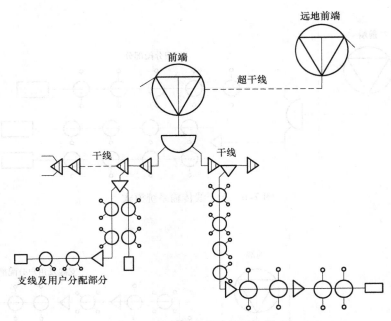

图 7-9 具有远地前端的系统模式

4. 前端设备及分配系统方案确定

1）选用何种分配模式，是分配-分支方式还是分支-分配等分配网络形式。

2）选用合适的分支器和分配器。考虑原则：新建系统应尽可能减少分配器和分支器的数量，降低造价；改造系统主要考虑施工方便和用户要求。

3）绘制分配网络系统图。分配网络原则上应以前端设备为中心，以对称形式展开，尽量做到各路均衡，在各支路中尽量少设置放大器。

4）计算从天线（或前端）输出端到用户末端插座的总损耗 A（见式（7-1）），以验证方案的可行性。

$$总损耗 A = 混合器损耗 + 分配器损耗 + 分支器插入损耗［即（串接分支器个数-1）×（0.9~1.2）］+$$
$$最后一个分支器的分支损耗 + 同轴电缆总长度的传输损耗 \qquad (7-1)$$

5）验证方案的可行性。系统方案如果满足式（7-2）要求，则方案是可行的。

$$前端输出电平 - 分配系统总损耗 A > 最远一个用户端口要求的电平值 \qquad (7-2)$$

5. 分配系统各点电平计算

（1）两种计算方法

分配系统各点电平的计算有从前端开始到用户终端向后推进计算法和从用户末端向前推进计算法两种。

1）从前端开始到用户终端向后推进计算法：首先采用递推法一个一个地选取分支器的分支损耗（耦合衰减）值，从而确定它的插入损耗；然后顺序得到各分支器的输出电平值。这种计算方法的缺点是若改动一个分支器，会影响到下面所有分支器的输出电平，反复计算的工作量较大，适用于必须使用线路放大器的复杂分配系统计算。

2）从用户末端向前端推进计算法：采用从末端分支器输出电平的定标值算起，逐个往前推进，最后算出前端需要的输出电平。若推算出来的前端电平值有富余，则可以不必重新计算和重选分支器。如果推算出来的前端输出电平值不够，则需修改前端设计。这种方法适用于不使用线路放大器的简单分配系统计算。

不管采用哪种计算方法，最后都应检查各用户终端的输出电平是否符合规定要求，最高传输频道是否有余量，并适当修正。

（2）计算注意事项

1）多频道宽带分配系统各部件的衰减损耗应以最高频道计算，传输线路以最长距离计算，天线输入场强以最低的一个频道来计算，因为只有这样计算出来的电平才能满足全频道系统要求。

2）正确选用线路放大器。如果线路放大器是用来补偿电缆传输损耗的，则应选用斜率补偿大的线路放大器。若线路放大器是用来补偿多次分配或串联多个分支器造成电平下降和作为前端宽带放大应用的，则应选用幅频特性平坦的线路放大器。

【例】 有一个550MHz的CATV系统，其分配系统的组成形式如图7-10所示。已知放大器输出电平为100/105dBμV，分配干线电缆型号如图所示，用户电缆采用SYWV-75-5，四分配器的分配损失为8dB，二分配器的分配损失为4dB，用户电平设计值为（65±4）dBμV，计算各用户电平。同轴电缆特性参数见附录表2，分支器参数见附录表3。

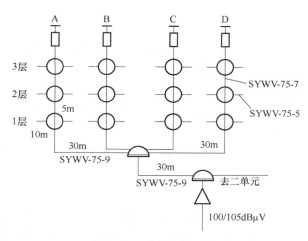

图7-10 有线电视系统

【解】 已知系统传输的最低频率为50MHz，最高频率为550MHz，查附录表2得：系统传输在最低频率与最高频率时，SYWV-75-9电缆损耗分别为2.3dB/100m与8.0dB/100m，SYWV-75-7电缆损耗分别为3.1dB/100m与10.0dB/100m，SYWV-75-5电缆损耗分别为5.2dB/100m与16.1dB/100m。用户电平的计算，关键是选择合适的分支器（分支器型号参数见附录表3），如查表得MW-172-20H二分支器插入损耗为1.2dB。由图7-10可以看出此系统为对称系统，只要计算某一支路的用户电平即可。以A支路为例，采用顺算法。计算过程如下：

1）1层入口电平：

$$\begin{cases} 100-4-8-(30+30)\times0.023=86.62 \\ 105-4-8-(30+30)\times0.08=88.2 \end{cases} \quad (\text{dB}\mu\text{V}) \tag{7-3}$$

1 层选用 MW-172-20 二分支器，1 层用户端电平为

$$\begin{cases} 86.62-20-10\times0.052=66.1 \\ 88.2-20-10\times0.16=66.6 \end{cases} (\mathrm{dB\mu V}) \qquad (7-4)$$

2）2 层入口电平为

$$\begin{cases} 86.62-1.2-5\times0.031=85.27 \\ 88.2-1.2-5\times0.1=86.5 \end{cases} (\mathrm{dB\mu V}) \qquad (7-5)$$

2 层选用 MW-172-18 二分支器，2 层用户端电平为

$$\begin{cases} 85.27-18-10\times0.052=66.75 \\ 86.5-18-10\times0.16=66.9 \end{cases} (\mathrm{dB\mu V}) \qquad (7-6)$$

3）3 层入口电平为

$$\begin{cases} 85.27-2-5\times0.031=83.01 \\ 86.5-2-5\times0.1=84 \end{cases} (\mathrm{dB\mu V}) \qquad (7-7)$$

3 层选用 MW-172-16 二分支器，3 层用户端电平为

$$\begin{cases} 83.01-16-10\times0.052=66.49 \\ 84-16-10\times0.16=66.4 \end{cases} (\mathrm{dB\mu V}) \qquad (7-8)$$

由以上的计算结果可以看出，此分配系统的用户端电平满足规范规定的 $(65\pm4)\mathrm{dB\mu V}$ 要求，因此该分配系统的设计方案成立。

6. 前端设计

根据频道数量和分配网络计算的要求，选用合适的混合器、调制器、频道转换器、专用频道放大器和导频信号发生器等优质前端设备。

7. 绘出系统电平分配图

在网络分配图上逐点标上各点算出的电平值，并在此基础上绘制楼层平面安装图。

8. 列出系统设备配套表

根据系统图，列出设备及材料配套表。按工程进度，注明器材供货时间。

7.1.3 网络电视

网络电视基于宽带高速 IP 网，以网络视频资源为主体，将电视机、个人计算机及手持设备作为显示终端，通过机顶盒或计算机接入宽带网络，实现数字电视、时移电视、互动电视等服务。网络电视的出现给人们带来了一种全新的电视观看方法，它改变了以往被动的电视观看模式，实现了电视以网络为基础按需观看、随看随停的便捷方式。网络电视可根据终端分为 4 种形式，即 PC 平台、TV（机顶盒）平台、网络电视平台和手机移动网络平台。目前网络电视产业发展十分迅速，受到了媒体和业内广泛的关注，有着广阔的发展前景。随着三网融合技术的实现，网络电视的设计方法逐渐与计算机网络设计方法相融合。

7.2 公共广播系统

公共广播系统是专用于远距离、大范围内传输声音的音频系统，能够对处在广播系统覆盖范围内的所有人员进行信息传递。公共广播系统在现代社会中应用十分广泛，主要体现在背景音乐、远程呼叫、消防报警、紧急指挥以及日常管理应用上。

7.2.1　公共广播发展

随着现代社会的发展，公共广播的应用范围也在逐步扩展。公共广播系统在军队、学校、宾馆、工厂、矿井、大楼、中大型会场、体育馆、车站、码头、空港、大型商场等场所都有普遍应用。学校校园内公共广播系统普遍应用于听力考试、语音训练、眼保健操、广播体操等日常事务；旅游景点内公共广播系统具有导游功能；大型商场内公共广播系统具有导购与商品广告等功能。近年来，公共广播系统发展迅速，采用数字技术和模块化结构，利用计算机控制和网络传输的智能化广播系统实现了无人值守、双向互动和同时传送多路广播节目等多功能的广播形式。

7.2.2　公共广播分类

公共广播系统根据使用要求分为服务性广播系统、业务性广播系统和火灾应急广播系统。

1）服务性广播系统在公共区域设置背景音乐，创造舒适和谐的氛围。现在背景音乐的使用已不再局限于公共场所，它已经广泛地应用于现代化建筑中。

2）业务性广播系统按照生产车间、办公室或楼层设置分区广播，主要用以生产调度和管理的广播，也可以定时播出音乐或广播节目等。

3）火灾应急广播系统在智能建筑的设计中，通常被列为消防自动化系统的一个联动部分。

在公共广播系统中，火灾应急广播系统具有绝对的优先权，火灾应急广播信号到扬声器应畅通无阻，包括强行切断所有正在播放的广播或处于开启状态的音控器，相应区域内的扬声器应全功率工作。图 7-11 所示为火灾应急广播系统强切控制原理图。

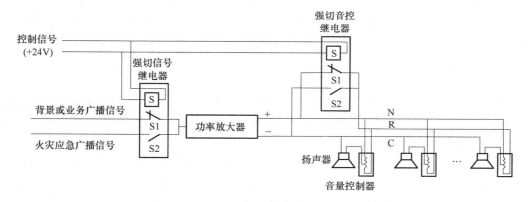

图 7-11　火灾应急广播系统强切控制原理图

数字广播技术能对数字传送、发射、接收过程中各种干扰引起的误码进行自我纠错处理，保证信号从节目制作到发射、接收全过程都达到高质量，从而提高广播系统的整体技术性能。数字可寻址公共广播系统采用数字对绞线进行传输，将音频信号和控制信号集中在一条两芯的对绞线上传输，节省安装成本，方便系统维护，具有更远的传输距离和更好的传输效果。

IP 网络广播是基于互联网和局域网的纯数字化网络音频广播系统，区别于传统的模拟音频、调频、寻址和数控广播的广播系统。该广播系统应用 TCP/IP 利用现有的校园网或内部局域网，终端能够设置独立的 IP 地址，通过主机可以任意控制每个终端的设置和播放。

7.2.3　公共广播系统组成

广播系统基本可分 4 个部分：节目源设备、信号放大和处理设备、传输线路与扬声器系统。

1. 节目源设备

传统的节目源设备有数字调谐器、多媒体播放机，智能型的节目源设备有数字节目控制中心、数字音源播控机、数控播放机等。

2. 信号放大和处理设备

信号放大和处理设备包括均衡器、前置放大器、功率放大器和各种控制器材及音响加工设备等。这些设备主要用于信号放大和选择，调音台和前置放大器作用相似，还可对音量和音响效果进行各种调整和控制。

3. 传输线路

传输线路系统一般分为 4 种：模拟音频线路、数字对绞线线路、流媒体数据网络线路和数控光纤线路。若对传输线要求不高，一般采用普通模拟音频线即可；数字可寻址公共广播系统一般采用数字对绞线来进行传输，将音频信号和控制信号集中在一条两芯的对绞线上传输；对于有流媒体数据网络的场所，利用原有流媒体网络线路进行传输；对于公共广播区域面积较大、传输线路较远，可选用数控光纤线路进行传输。

4. 扬声器系统

根据不同用途，扬声器可设计成吸顶扬声器、花园草坪扬声器、壁挂式扬声器及各类室内外音柱。商厦和楼宇通常采用吸顶式扬声器；兼顾消防报警的吸顶扬声器额定功率不得小于 3W；对于消防报警广播的扬声器，应具有防火性能。

7.2.4　公共广播系统设计

为了创造一个安全、舒适、温馨、高效的办公与生活环境，并根据各种不同建筑类别的需要，公共广播系统设计要从项目的具体实际出发，做到配置合理、留有扩展余地、技术先进、性价比高，确保系统性能高质量、高可靠性。

公共广播系统设计通常按下列顺序进行：首先根据工程现场实际情况，确定分区数量、扬声器（包括音量控制器）的点位分布图；其次根据投资预算、工程规模和功能要求确定系统实施方案；然后确定广播扬声器的选用和配置，进行广播区域声压级计算；最后进行传输网络设计。

1. 广播扬声器的选择

在空间高度为 3~5m 有顶棚吊顶的室内，宜选用天花板扬声器；在空间高度大于 5m 的框架顶棚吊顶室内，宜采用球形吊装扬声器；在混响时间较长的地下停车场，宜选用壁挂式扬声器；室外宜选用防水声柱，输出声压级高和覆盖范围大；在园林草坪区域宜选用防水美观的草坪扬声器。

2. 公共广播传输方式选择

公共广播系统按传输方式，可以分为音频传输、载波传输和网络广播三种。

（1）音频传输方式

音频传输又称直接传输，但是与歌舞厅、会场等的直接传输方式不同。音频传输方式比较常用的有两种：定压式和终端带功放的有源方式。

定压式是采用有线广播中常用的定压配线方式进行传输的。它的传输原理和强电的高压传输原理相似，主要是为了减少远距离传输时大电流传输引起的损耗增加，采用变压器升压，以高压小电流传输，然后在接收端用变压器降压相匹配，从而减少功率的损耗。定压传输优点是技术成熟、结构简单、性能稳定、维护容易、终端便宜，目前广泛应用在车站、码头、学校、商业与民用建筑中。其缺点是定压传输线路易受带宽、扬声器尺寸、电缆线径等因素影响，无法实现立体声传输；音源基本上都是采用模拟音源，不能实现自动播放控制；节目容量小，一条线只能传输一套节目，系统扩充的容量十分有限。

音频传输的另一种方式是终端带功率放大器的形式，这种方式也称为有源终端方式或低阻输出音频方式。这种方式的传输思路就是将控制中心的大功率放大器的放大部分分解成小的功率放大器，分散到各个终端去。这样既可以解除控制中心的能量负担，又避免了大功率远距离传输带来的损耗。

（2）载波传输方式

载波传输方式是将音频信号经过调制器调制成高频载波，经电缆传输到各个用户终端，并在终端进行解调还原成声音信号。由于现在的智能大厦中都有有线电视线路，所以一般利用有线电视的同轴电缆进行载波传输。这种方式在宾馆饭店中的应用比较普遍。

这种系统的特点是通过与CATV系统的共用，从而使广播线路的施工简单、维修方便、抗干扰能力强、兼容性和扩展性好，可以满足多分区同时广播的要求。但是一般适用于客房中的播放，不适用于公共区域的播放。由于每个房间的床头均需要一台调频接收设备，所以工程造价较高，维修费用也较高。

（3）网络广播

数字网络广播必须在网上进行传输才可实现广播的功能和要求。网络音频广播由一台IP网络广播控制主机、一套广播软件或服务器软件，将音频文件以IP流的方式发送给远端网络终端，每台终端都有一个固定的IP地址及网络模块、一个专业数字音频解码装置（软件或硬件）以及功放控制单元。该方法的优点是从节目的制作到传输全部实现了数字化、网络化，可以获得比较好的音质，也可以进行立体声传输，易实现智能广播，可实现多路广播与交互方式广播，管理方便。

3. 广播区域声压级设计

广播区域扬声器的布置方式可分为集中布置、分散布置和混合布置三类。在大范围服务区内为了获得较均匀的声场覆盖，广播扬声器以分散设置为原则。广播服务区域的平均声压级应高于环境噪声 $10 \sim 15\text{dB}$，通常写字楼走廊的环境噪声为 $48 \sim 52\text{dB}$，超级商场的环境噪声为 $58 \sim 63\text{dB}$，繁华路段及市民广场的环境噪声为 $70 \sim 75\text{dB}$。

扬声器分散式布置覆盖区域的计算如图7-12所示。

根据图7-12所示，D 为扬声器在人耳高度传输直径，计算公式为

$$D = 2(H - 1.5)\tan\alpha \tag{7-9}$$

式中，H 是天花板的高度；α 是扬声器的覆盖角。

扬声器覆盖区面积 S_1 的计算公式为

$$S_1 = \frac{\pi D^2}{4} \tag{7-10}$$

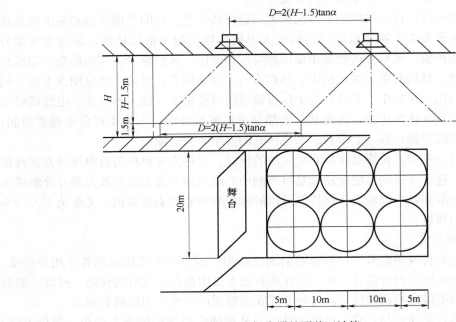

图 7-12　扬声器的覆盖区计算

4. 广播功放与扬声器的功率匹配

公共广播系统的功率传输线路通常都相当长，为减少线路上的功率损耗，采用高阻抗传输方案时，广播区域扬声器负载总功率确定后，驱动功放的输出功率与扬声器负载的功率配比应为 1.30～1.50，这是因为考虑到传输线路的功率损耗、扬声器线路变压器的损耗和系统设备老化等因素，应留有功率余量。

5. 扬声器的负载计算

定电压传输的公共广播系统，各扬声器负载的连接都采用并联方式，如图 7-13 所示。

功放输出端的输出电压、输出功率和输出阻抗三者之间的关系为

$$P = \frac{u^2}{Z} \tag{7-11}$$

式中，P 是输出功率（W）；Z 是输出阻抗（Ω）；u 是输出电压（V）。

扬声器负载计算实例：当功放的输出功率为 100W，输出电压为 100V 时，则其能接上的最小负载能力为

$$Z_{100V} = \frac{u^2}{P} = \frac{(100V)^2}{100W} = 100\Omega \tag{7-12}$$

低于 100Ω 的总负载将会使功放发生过载。

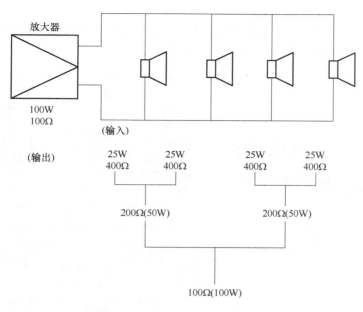

图 7-13 定电压系统的阻抗匹配

6. 传输线路导线截面积计算

为减少传输线路的功率损耗，必须正确选用传输线路导线的截面积。定压传输铜导线的截面积计算公式为

$$S = \frac{0.37LP}{U^2} \tag{7-13}$$

式中，S 是传输导线截面积；L 是传输导线长度；P 是传输功率；U 是传输线上的电压。

7.2.5 公共广播案例

本案例为某校园公共广播系统。

1. 需求分析

由于校园区域面积大，分区数量较大，具有多种应用管理，扬声器分布在不同楼宇，要求能独立对其控制的各个分区进行音乐、通知广播。广播系统中心能对所有终端进行集中监控与控制。

2. 系统总体规划设计

广播系统控制室设在首层消防控制中心。系统总体设计由背景音乐和紧急广播两部分组成，系统在平时状态下做背景音乐欣赏、广播通知等使用，消防状态下能与消防信号联动进行紧急呼叫、人员疏散、撤离等工作。系统强切在弱电井道中实现，消防报警信号由消防系统提供，消防广播音源由背景音响系统提供。

整个系统采用全数字技术，即音频信号的传输采用数字信号。系统具有 RS232/422、TCP/IP 和干接点等接口，可以和其他各种系统连接。系统采用模块化的设计，主机和系统都可进行模块化组合，可根据客户的需求和变化来进行定制和扩展。

3. 系统组成

如图7-14所示的广播系统，总控室设置1个控制中心，负责控制终端的广播节目、控制节目切换，并进行音量控制、路由选择、分区控制。

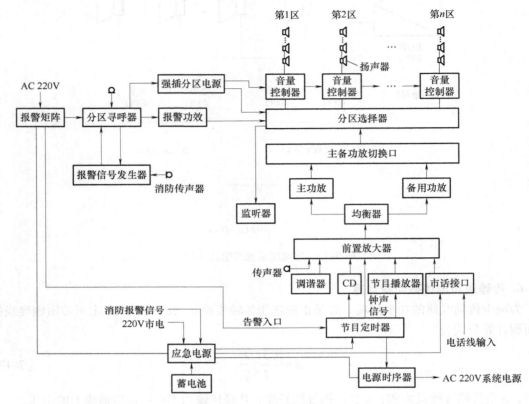

图7-14　广播系统

背景音乐信号播放流程：由CD/MP3/VCD播放机、收音机等节目源将信号送到前置放大器放大，再送到系统广播主机通过传输网络送到各个功放，分区输出从而推动各区扬声器工作。

紧急广播信号播放流程：当系统接收到消防中心发送的无源闭合信号后，送到广播主机，输出对应火警区域的联动信号切断音乐信号，产生警笛区域的信号送入功放，并用自带的传声器喊话，同时输出火警区域的信号去控制紧急广播接线箱。

4. 扬声器设计

在选择扬声器位置时，扬声器在整个区域内分布要均匀，避免邻近扬声器的听众感觉音量过大，同时也要防止产生声音盲区。在安装扬声器时，吸顶式扬声器位置间隔与房间的高度有关，也与位于听众耳朵的一个假想平面的高度有关，大多数的锥形扬声器的辐射角是90°，所以各扬声器间隔大约等于扬声器辐射角在人耳高度的假想平面上投影的直径。以吸顶式扬声器为例，扬声器辐射角为90°，最佳讲话频率为4kHz，如层高为3m，则扬声器布点理想距离为6m，如图7-15所示。

根据消防规范，火灾应急广播扬声器的设置应符合下列要求：

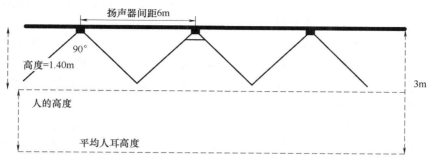

图 7-15 扬声器设计

1）在走道和大厅等公共场所应设置扬声器，每个扬声器的额定功率不应小于 3W，其数量能保证从一个楼层内的任何部位到最近一个扬声器的距离不大于 25m，走道内最后一个扬声器至走道末端的距离不应大于 12.5m。

2）在环境噪声大于 60dB 的场所设置的扬声器，在其播放范围内最远点的播放声压级高于背景噪声 15dB。

3）系统末端的扬声器配点按不同场合分成若干个系列，即大楼内的背景音乐公共广播采用吸顶式扬声器，在走廊、电梯口、卫生间、小会议室及大厅 10m 左右间距均等分布，主要用于大楼的背景音乐和紧急广播；地下层的背景音乐公共广播采用壁挂式扬声器，主要用于餐厅紧急广播及背景音乐播放；室外采用室外扬声器。

5. 传输网络

本案例采用 IP 网络广播，并采用专网进行传输。通过整个网络的管理分配，可将广播系统的网络划分为一个虚拟局域网，从而将广播网络与其他使用网络进行逻辑隔离，避免数据冲突及提高系统的安全性。

6. 功率放大器

功率放大器的设置要根据现场扬声器的数量、功率及扬声器的楼层划分来确定，且放大器的功率应留有余量。功放设备的容量计算公式为

$$P = K_1 K_2 \sum P_0 \tag{7-14}$$

式中，P 是功放设备输出总功率（W）；P_0 是每分路同时广播时最大电功率，$P_0 = M_i P_i$，P_i 是第 i 支路的用户设备额定容量，M_i 是第 i 支路的同时需要系数；K_1 是线路衰耗补偿系数；K_2 是老化系数，一般取 1.2~1.4。

根据要求，本公共广播系统的室内区域广播 M_i 取 0.2~0.4，公众区域广播 M_i 取 0.5~0.6，紧急广播时 M_i 取 1.5。

7. 系统功能设计

通过 LAN/WAN 连接，控制室广播系统可以实现各种定时节目播放、分区呼叫广播、紧急广播、监视音频播放等，能满足不同区域同时播放不同的节目。

定时打铃广播：在总控室网络主机发起定时广播节目，网络主机打开定时节目，将数据包打包到网络上传输，控制指令发给相应网络音频终端器。系统能设置日循环及周循环、一次性定时播放模式，同时能设定节假日自动不播放打铃节目。

网络编组分区广播：系统网络主机可依据楼层区域功能对分控室的 IP 流媒体终端进行

编组分区，统一控制，方便多个、全部终端同时进行控制，避免了对同一操作的重复劳动，如在不同的楼层播放不同的广播节目。

数据备份：包括系统设置的终端 IP 地址、分区名称、定时广播程序、节目管理等数据，消防报警设置的程序数据、分控信息等数据，在一般情况下能将这些重要数据备份与还原，避免主机软件故障重新设置数据，同时能对这些数据进行迁移复制至其他服务器，提高数据使用的可靠性与使用的方便性。

通知讲话：网络呼叫传声器具有网络端口，自带分区数字按键，能选中区域终端、单个终端，或所有区域广播终端，实现任意呼叫讲话、广播信息宣传及播音员通知等业务。系统两个网络呼叫传声器的优先级能通过音频服务器进行设置，能进行优先级管理。

节目点播：网络广播终端支持节目点播功能。

网络监听：在控制室用了监听终端和监听音箱，通过它们能监听所有区域及终端广播状态（如终端的故障、在线状态等），方便管理员对终端及其他区域广播状态的监视。

紧急广播：建立系统与消防系统的接口联动，在发生火灾等事故时，也能进行区域报警广播。

7.3 会议系统

7.3.1 设备组成

最基本的会议系统包括传声器、功放、音响和桌面显示设备（如桌面智能终端、液晶显示器）。随着科技的发展、功能需求的提升，特别是计算机、网络的普及和应用，会议系统的范畴更大了，包括表决、选举、评议、视像、远程视像、电话会议、同声传译、桌面显示，这些是构成现代会议系统的元素。

7.3.2 数字会议系统

数字会议系统在发展的初期只是为了增加会议的灵活性，减少音响扩声系统的操作复杂性，在传统扩声系统的传声器结构和连接方式上进行了少许改进和调整，将原有的并行连接方式改为串行手拉手连接方式，使传声器可远程遥控开闭，以降低使用难度。在科技飞速发展的今天，人们之间的信息交流和沟通变得越来越频繁，对会议的效率和质量要求越来越高，会议系统也从简单的会议扩声系统发展到综合了高清视频、高保真音频、高速计算机网络、计算机软硬件的多媒体会议系统。

1. 数字会议系统的构成及功能

数字会议系统一般由多媒体信息显示系统、扩声系统、发言表决系统、签到及会议照明系统、监控报警系统、同声传译系统、网络接入系统、设备总控系统等子系统组成，如图 7-16 所示。

会议设备总控系统是整个数字会议系统的核心，其主要作用是对发言设备、同声传译、电子表决、视像跟踪、数字音视频通道及数据通道进行控制。中央控制设备可对发言设备进行控制，发言设备包括代表机、主席机、译员台、双音频接口器、多功能连接器等，能够对代表和主席的扬声器进行自动音频均衡处理，可以对传声器进行管理，对请求发言进行自动

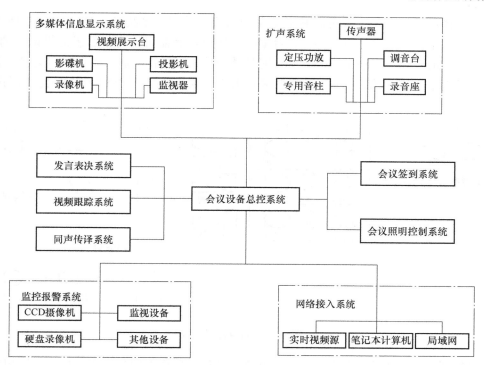

图 7-16　数字会议系统

登记，可实现限制与会人数等功能。中央控制设备可提供会议表决功能，当大会主席发起对某一事项进行表决时，代表可操纵他面前的发言设备进行投票，经中央控制设备控制、统计、传输数据至大厅的显示屏及代表/主席机的 LED 屏幕上进行显示。

发言表决系统通常包括有线传声器、投票按键、控制主机和会议音响等设备，如图 7-17 所示，并且还有其他设备可供选择，如鹅颈会议传声器、无线领夹式传声器、LCD 状态显示器、语种通道选择器等。不同的发言设备具有不同级别的权限，会议主席所使用的发言设备可控制其他代表的发言过程，可选择允许发言、拒绝发言或终止发言。

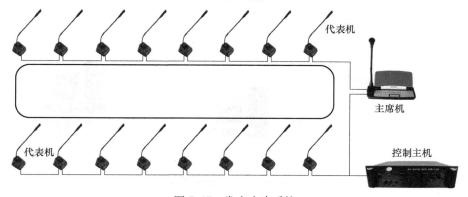

图 7-17　发言表决系统

同声传译系统能较好地满足多语种的国际会议需求，实现不同国家或民族的会议参加者之间迅速方便地交流和讨论。如图 7-18 所示，同声传译会议系统一般由系统控制器、通道控制器、翻译员单元、有线旁听席和会议系统组成。其中，系统控制器可同时处理多种语言，并提供多个扩展接口，可以连接多台主机；通道控制器可以为参会者提供语种的选择。随着人工智能的发展，出现了许多人工智能翻译产品，在语音识别、语音转写文字、会议记录以及信息大数据一体化方面达到行业领先水平，未来将逐渐取代传统的会议同声传译系统。

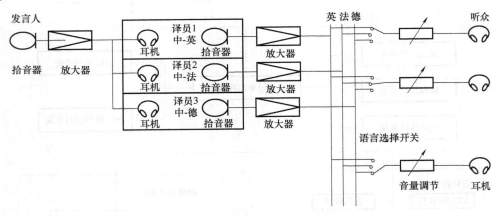

图 7-18　同声传译系统

会议签到系统用于控制与会代表入场并进行统计，然后根据与会代表权限开启相应的会议设备。会议签到系统包含近距离和远距离两种签到方式。近距离签到方式是由代表拿签到卡在签到机刷卡实现签到。远距离签到方式是一种先进的通道式远距离非接触式会议签到系统，签到过程简单快速，如图 7-19 所示。

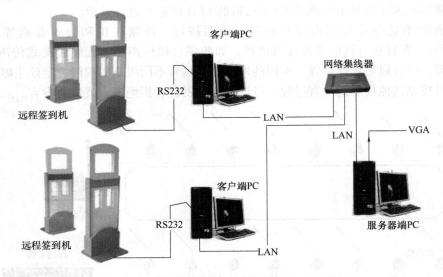

图 7-19　会议签到子系统

会议系统扩声环境主要由声源设备、调控设备、放大设备组成，扩声系统要扩声面广、声音清晰明亮、不易产生自激，同时听众席有合适的响度，使与会人员能感受到声源的真实存在，达到高保真的扩声要求。

2. 数字会议系统的设计原则

会议系统的建设遵循"积极兼容、安全可靠、先进实用、统筹规划、分步实施"的总原则。系统使用的技术应具有前瞻性，支持数据、语音、视像等多媒体应用。系统应具有良好的升级扩展能力。数字会议系统设计时要遵循以下具体原则：

1）可靠性：在系统设计和设备选型中严格遵循国际国内有关标准，充分考虑技术和设备的成熟性，采取模块化的集中控制系统，从系统设计的结构形式和控制方式的角度来提高系统总体的可靠性。

2）开放性和标准性：开放性是系统集成的关键因素，根据国际信息技术发展的潮流，会议系统设计必须遵循"开放式"的原则，要求解决不同系统和产品之间的接口和协议的标准化。

3）安全性和保密性：会议工作的性质决定了整个系统必须是绝对安全可靠的，数字会议系统应采用保密措施，严格防止侵入和信息泄露，数据和资料记录时应实时和永久性。

7.3.3 视频会议系统

视频会议系统利用远程多媒体传输技术，将多个会场系统的声音、图像、数据信息通过编码器和传输网络实时传输，实现交互可控的会议系统。与会人员通过视频会议系统可实时发表意见、观察对方表情和有关信息，并能展示实物、图样、文件和实拍画面，增强与会人员的临场感。当前基于 Web 技术的网页版视频会议系统，大大降低了视频会议系统的门槛。

1. 视频会议系统的分类

1）视频会议系统按用户组成模式上分为点对点和多点（群组）视频会议系统两种。

① 点对点视频会议系统主要业务有可视电话、桌面视频会议系统、会议室型视频会议系统。点对点视频会议系统只涉及两个会议终端系统，其组网结构非常简单，不需要多点控制单元（Multi Control Unit，MCU）。

② 多点视频会议系统允许 3 个或 3 个以上不同地点的参加者同时参与会议。多点视频会议系统一个关键技术是多点控制问题，MCU 在通信网络上控制各个点的视频、音频、通用数据和控制信号的流向，使与会者可以接收到相应的视频、音频等信息，从而维持会议的正常进行。在多个会议场点进行多点会议时，必须设置一台或多台 MCU。多点会议组网结构比较复杂，根据 MCU 数目可以分为两类：单 MCU 方式和多 MCU 方式，而多 MCU 方式又可以分为星形组网结构和树形组网结构。

2）视频会议系统按技术实现方式上分为模拟（如利用闭路有线电视系统实现单向视频会议）和数字（通过软硬件计算机和通信技术实现）两种。

3）视频会议系统按应用环境分为基于 Web 的视频会议系统、基于硬件的视频会议系统、基于软件的视频会议系统。

① 基于 Web 的视频会议系统是把视频会议技术与 Web 技术相结合，用户只需会简单使用 IE，就可以与对方进行点对点和点对多点的沟通，但需要运营商的支持。基于 Web 的视频会议系统采用视频中间件构建的视频服务器提供用户目录、认证授权、视频流分发等服务，在 Web 的应用服务系统中调用相应的视频软件，完成信息发布、简历资料上传、网络面试预约等功能，有效地实现了用户之间的交流，用户不需要安装任何额外的应用程序，使

用起来非常方便。

②基于硬件的视频会议系统由视频终端、MCU、网络平台通信系统、管理工具和配件等组成。基于硬件的视频会议系统投入较大，建设复杂，灵活性不够。

③基于软件的视频会议系统大部分是按自己的体系结构基于 IP 网络开发的。

4）视频会议系统按标准体系分为基于 H.320 标准的视频会议系统和基于 H.323 标准的视频会议系统。

① H.320 标准的视频会议系统。H.320 是 ITU-T 较早期的视频会议标准，该标准完全建立在一系列视频会议系统专有的技术之上。我国早期建设的视频会议系统大多基于 H.320 标准。

② H.323 标准的视频会议系统。H.323 标准完全建立在通用开放的计算机网络通信基础之上，允许不同厂商的多媒体产品和应用互操作。该标准涵盖了音频、视频和数据在 IP 网络上的通信，包括各种独立设备、个人计算机技术以及点对点和点对多点视频会议。该标准解决了视频会议中呼叫与会话控制、多媒体与宽带管理等问题。目前，H.323 标准的视频会议系统有 ADSL、电信专线、卫星网络等多种选择。

2. 视频会议系统的组成

视频会议系统一般由用户终端设备、传输网络、多点控制单元等几部分组成，如图 7-20 所示。

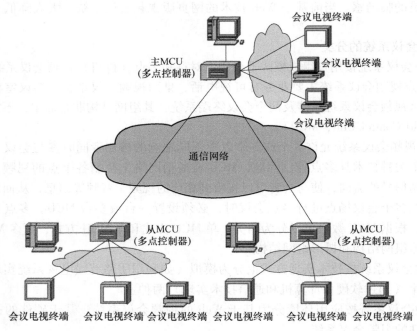

图 7-20　视频会议系统

终端设备：由用户操作，提供视频、音频、数据等信号的输入/输出、终端管理等功能，根据不同用户的业务需求还可以选择配备调音台、功放、大屏幕、电子白板等。终端的作用是将某一会议点的实况图像信号、语音信号及相关的数据信号进行采集、压缩编码、多路复用后送到传输通道，同时将接收到的视频会议信号进行分类、解码，还原成接收会场的图像、语音及数据信号。终端还要将本点的会议控制信号传送到多点控制单元（MCU），同时还需执行 MCU 对本点的控制指令。

传输网络：要组成一个完整的视频会议系统必须经通信网络把终端设备与 MCU 连接起来，传输信道可以采用光纤、电缆、微波或卫星等方式，视频会议系统主要是利用它们来传送动态或静态图像信号、语音信号、数据信号以及系统控制信号。

多点控制单元：视频会议的控制核心。当参加会议的终端数量多于 2 个时，必需经过 MCU 来进行控制。所有终端都要通过标准接口连接到 MCU，MCU 按照国际标准 H.320 与 H.323 系列建议的规定实现图像和语音的混合与交换，实现所有会场的控制等相关功能。一般来讲，MCU 分为主机和操作台两部分，主机完成上述建议规定的相关功能，操作台提供主机运行的操作控制，用户通过操作台对主机进行各种操作和发布命令。

3. 视频会议系统的组网技术

目前通信网对多点通信功能的支持有限，多点间视频会议信号的切换由 MCU 来完成，因此 MCU 的设置在视频会议系统网络拓扑结构的设计中特别重要。

用 MCU 组成的视频会议系统的网络结构成星状网，如图 7-21 所示，每个 MCU 可接若干个视频会议终端。由于每个 MCU 的端口数是有限的，一个 MCU 无法连接所有终端，为了增加网点的容量，可以通过级联 MCU 的方式实现，但级联一般不超过 2 级。处在最上面一层的是主 MCU，在它下面的 MCU 都受控于主 MCU。

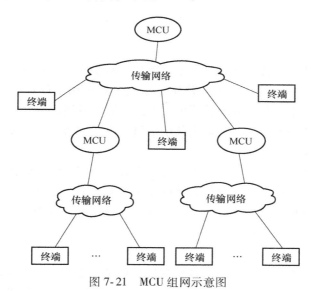

图 7-21　MCU 组网示意图

7.4　信息导引及发布系统

现代社会已进入信息时代，信息传播占有越来越重要的地位，同时人们对于视觉媒体的要求也越来越高，要求传播媒体传播信息直观、迅速、生动、醒目。为了满足人们越来越高的视觉要求，智能建筑信息设施系统中设置信息导引及发布系统。

信息导引及发布系统是一种以信息输出播放为目的，以信息发布传递为主导的系统。它通过将文本、图片、动画、视频、音频有机组合，实时形成一段连续的画面，并通过现有的各种显示设备播放给人们观看，向人们传达各种宣传信息，如图 7-22 所示。信息导引及发布系统包括大屏幕显示系统和触摸屏系统。

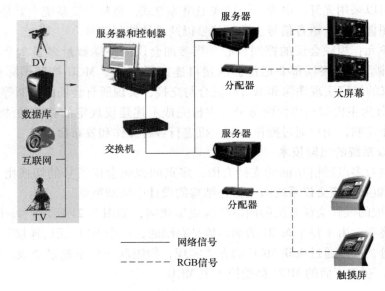

图 7-22　信息导引及发布系统

1. 大屏幕显示系统

大屏幕显示系统通过对各种计算机文本、图片、网络信息以及视频图像信息的动态综合显示完成对各种信息的显示需求。大屏幕显示系统综合运用了计算机、网络通信、信号控制、视频监控等高新技术，顺应调度、管理工作的智能化发展趋势。大屏幕显示系统广泛应用于通信、电力、军队指挥机构，在提供共享信息、决策支持、态势显示、拼接分割画面显示方面发挥着重要作用。

大屏幕显示系统包括视频和音频两大部分。视频部分完成图像处理和显示功能，音频部分完成音频处理和放大功能。视频部分有多屏显示单元、多屏处理器、显示墙管理控制计算机、显示墙应用管理系统、网络集线器、局域网等。音频部分有音箱、功率放大器、数字音频处理器、调音台等。系统组成如图 7-23 所示。

2. 触摸屏系统

触摸屏系统通过计算机技术处理声音、图像、视频、文字、动画等信息，并在这些信息间建立一定的逻辑关系，使之成为能交互地进行信息存取和输出的集成系统。触摸屏系统广泛应用在工业、服务业、军事、流通业、市政等场所。

从架构原理上来看，触摸屏系统由触摸检测部件和触摸屏控制器组成。触摸检测部件安装在显示器屏幕前面，用于检测用户触摸位置，接收到触摸点信息后送触摸屏控制器，并将它转换成触点坐标，再送给 CPU，触摸检测部件同时能接收 CPU 发来的命令并加以执行。按照触摸屏采用的技术分类可分为 5 个基本种类：矢量压力传感技术触摸屏系统、电阻技术触摸屏系统、电容技术触摸屏系统、红外线技术触摸屏系统、表面声波技术触摸屏系统。

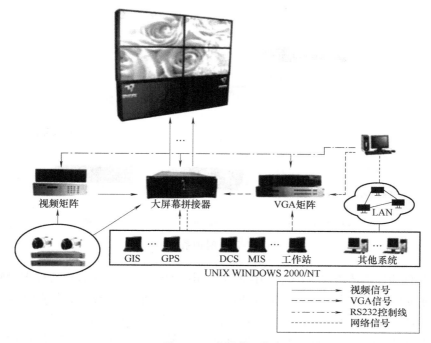

图 7-23　大屏幕系统

7.5　时钟系统

　　智能建筑中的时钟系统一般采用母钟、子钟组网方式。时钟系统在医院建筑、学校建筑、交通建筑等场所应用广泛。例如，在医院建筑中，手术室、诊疗室等场所需要时间同步，应设置时钟系统以便工作人员校时；在广播电视建筑中，演播室、导控室、音控室和机房等时间应该严格同步，为保证演播效果应设时钟系统，以母钟时间为基准，在演播室、导控室以及其他需要校时的场所设置子钟，用来显示标准时间、正计时、倒计时等。

　　时钟系统为有时基要求的系统提供同步校时信号，如对大楼内的计算机网络提供标准的 NTP（Network Time Protocol）时间服务。NTP 是用来使计算机时间同步化的一种协议，它可以使计算机对其服务器或时钟源做同步化，可以提供高精准度的时间。

1. 时钟系统的组成

　　时钟系统主要由 GPS（Global Position System）接收装置、中心母钟、子钟、NTP 服务器、传输通道和监测系统计算机组成，如图 7-24 所示。GPS 是美国国防部研制的导航卫星测距与授时、定位和导航系统，向全球范围内提供定时和定位信息。GPS 校时的工作过程是由 GPS 网络校时母钟的 GPS 接收模块从 GPS 卫星接收精确的时间信息，经编码处理后向服务器提供时间信息和秒脉冲信号，该时间同步于协调世界时（Universal Time Coordinated，UTC）。

　　（1）系统中心母钟

　　系统中心母钟设在中心机房内，接收来自 GPS 的标准时间信号，主要功能是作为基础

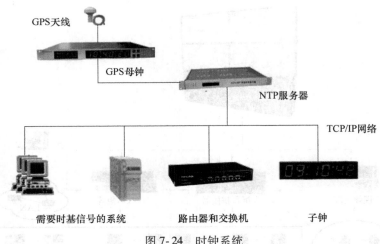

GPS天线

GPS母钟

NTP服务器

TCP/IP网络

需要时基信号的系统　　　　路由器和交换机　　　　子钟

图 7-24　时钟系统

主时钟，通过传输通道传给二级母钟（中继器），由二级母钟（中继器）按标准时间信号指挥子钟统一显示时间；系统中心母钟还可以通过传输子系统将标准时间信号直接传给各个子钟，并且通过监控计算机对时钟系统的主要设备进行监控，为楼宇工作人员提供统一的标准时间。

中心母钟主要由以下几部分组成：标准时间信号接收单元 、主备母钟（信号处理单元）、分路输出接口箱 、电源。

标准时间信号接收单元是为了给系统提供高精度的时间基准而设置的，用以实现时间系统的无累积误差运行。在正常情况下，标准时间信号接收单元接收来自 GPS 的卫星时标信号，经解码、比对后，由接口传输给系统中心母钟，以实现对母钟精度的校准。信号接收单元不断接收 GPS 发送的时间码及其相关代码，并对接收到的数据进行分析，判断这些数据是否真实可靠，如果数据可靠即对母钟进行校对，如果数据不可靠便放弃，下次继续接收。

中心母钟能够显示年、月、日、星期、时、分、秒等全时标时间信息，具备 12/24h 以及格林威治时间（GMT）三种显示方式的转换功能，也可显示所控制的二级母钟（中继器）的运行信息。中心母钟和校时信号能自动进行调整，可显示并输出任意时区的时间。

中心母钟具有统一调整、变更时钟快慢的功能，可通过设置在前面板上的键盘实现对时间的统一调整。监控计算机通过标准的接口与中心母钟相连，以实现对时钟系统主要设备的维护管理及监控。

（2）子钟

子钟通过标准 RS485/422 接口与系统中心母钟或二级母钟相连，接收中心母钟或二级母钟传送的标准时间信号，对自身的精度进行校准，向工作人员显示时间信息。子钟在接收到标准时间信号后，回送自身的工作状态给系统中心母钟。

所有子钟均具有独立的计时功能，平时跟踪母钟工作，自动刷新，与系统中心母钟或二级母钟保持一致。当子钟接收不到来自二级母钟或中心母钟发送的时间信号时，仍能依靠自身内置时钟芯片独立运行并向时钟系统管理中心发出告警，此时时钟时间的调整靠键盘来进行，每个子钟都配有单独的电源开关。数字式子钟内置时钟芯片具有记忆功能，停电后可保持数据十年，来电后自动显示正确时间。

指针式子钟具有自动追时功能。当接收到标准时间信号时，能够以最短距离方式快速调整指针的位置到标准时间。指针式子钟自身有独立的石英晶体振荡器，可脱离二级母钟单独运行。

2. 时钟系统设计原则

1）系统设备要不间断连续运行；

2）系统的设计遵循成熟、精确、简单、可靠、易扩容、易管理的原则，以确保长期安全、可靠及低成本的运行；

3）系统采用分布式结构，由网络时间服务器、网络数显式子钟等组成；

4）子钟脱离网络时间服务器能单独运行；

5）网络时间服务器采用标准以太网接口与子钟及其他各弱电系统进行通信。

3. 时钟系统工程案例

本工程案例为医院建筑时钟系统。医院智能楼宇时钟系统采用中心母钟与通信控制器连接，各子钟与通信控制器连接的组网方式。时钟系统主要由 GPS 时标信号接收单元、中心母钟、多路输出接口箱、NTP 时间服务器、子钟、时钟监控终端、通信控制器、传输通道等部分组成，系统构成框图如图 7-25 所示。在一层控制中心设置中心母钟，通过 CAN 总线将中心母钟的校时信号送到时钟专用通信控制器上，再将标准时间信号分配给子钟。子钟的电源采用就近取电方式，子钟电源为交流 220V（1±15%），中心母钟电源由电源系统集中提供 220V（1±15%）以及 UPS 电源。

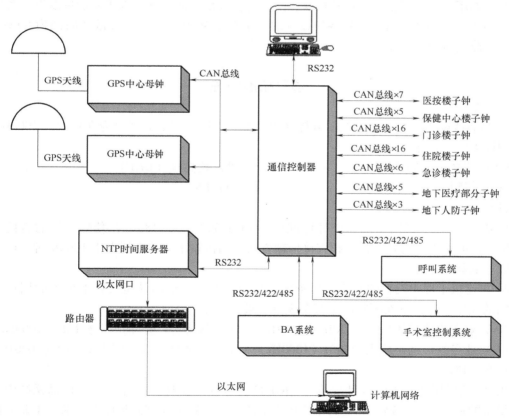

图 7-25　时钟系统构成框图

时钟系统以 GPS 标准时间信号为外部主要时间源，以中心母钟的高稳定度晶振产生的时间信号作为内部时钟源。当母钟能够正常接收 GPS 校准信号时，时间精度可达到微秒级；当 GPS 通信信号接收出现故障而改用母钟自身的时间源信号继续维持系统的正常工作时，时间精度达到毫秒级。

中心母钟定时向子钟和其他需要校时的相关系统发送标准校时信号，使整个医院（或网内）时间显示与时钟系统时间同步，为医院广大医护人员和就医人员提供统一的标准时间信息，从而实现整个医院采用统一的时间标准。

当 GPS 接收单元出现故障或 GPS 系统中的时标校时信号不能使用时，中心母钟系统自动切换到自身晶振产生的时间信号，向子钟、维护终端及其他需要同步时间信号的系统发送校时信号，确保各设备和系统时间严格同步，并向系统的操作人员告警提示。时钟系统的中心母钟采用两个时钟频率发生器（双主机时钟装置），其中一个作为系统校时信号的主要内部时钟源，另一个作为时钟系统的热备份内部时钟源，以备紧急故障时自动启用。当子钟接收不到中心母钟的校时信号时，可利用自身晶振产生的时间信号进行标准时间显示。

系统具备自检功能，能定时自动检测整个系统的工作状况，包括 GPS 接收单元、中心母钟、子钟、通信线路、电源工作状态等，并能在监控管理计算机终端上直观显示出故障部件的位置、内容、时间，且显示记录故障和打印输出，极大方便系统维护人员维护和修理。信号发送可以是实时的，也可以是定时的，可由软件进行设定。时钟系统还具备内置校验系统，可根据用户要求实施定时自动校验，配合时间补偿功能，不断修正补偿量以消除系统微小（毫秒级）的时钟漂移。时钟系统设计的使用寿命为 30 年，平均无故障时间为 80 000h，平均故障修复时间小于 4h。

项目拓展训练

1. 当有线电视系统传输干线的衰耗（以最高工作频率下的衰耗值为准）大于 100dB 时，可采用以下哪些传输方式？

（A）甚高频（VHF）   （B）超高频（UHF）

（C）邻频   （D）FM

答案：AC

出处：《有线电视网络工程设计标准》（GB/T 50200—2018）。当传输干线的衰耗小于 100dB 时，可采用甚高频、超高频直接传输方式。当传输干线的衰耗大于 100dB 时，可采用甚高频、邻频传输方式。

2. 在建筑工程中设置的有线广播系统，从功放设备的输出端至线路上最远的用户扬声器之间的线路衰耗，下面哪些说法符合规范要求？

（A）业务性广播不应小于 2dB（1000Hz）（B）服务性广播不应大于 1dB（1000Hz）

（C）业务性广播不应大于 2dB（1000Hz）（D）服务性广播不应小于 1dB（1000Hz）

答案：BC

出处：《民用建筑电气设计规范》（JGJ 16—2008）第 16.2.8 条。有线广播系统中，从功放设备的输出端至线路上最远的用户扬声器之间的线路衰耗宜满足以下要求：①业务性广播不应大于 2dB（1000Hz）；②服务性广播不应大于 1dB（1000Hz）。

3. 有线电视系统工程在系统质量主管评价时，若电视图像上出现垂直、倾斜或水平条纹，即"网纹"，请判断是由下列哪一项原因引起的？

（A）载噪比　　　　（B）交扰调制比　　　（C）载波互调比　　　（D）载波交流声比

答案：C

出处：《有线电视网络工程设计标准》（GB/T 50200—2018）。电视中的图像出现垂直、倾斜或水平条纹即"网纹"现象的主观评价项目是载波互调比。

4. 有线电视系统中，对系统载噪比（C/N）的设计值要求，下列的表述中哪一项是正确的？

（A）应不小于38dB　　　　　　　　　　（B）应不小于40dB

（C）应不小于44dB　　　　　　　　　　（D）应不小于47dB

答案：C

出处：《民用建筑电气设计规范》（JGJ 16—2008）第 15.2.4 条。有线电视系统的载噪比（C/N）应大于或等于44dB。

5. 某市有一新建办公楼，地下二层，地上 20 层，在第 20 层有一个多功能厅和一个大会议厅，层高均为 5.5m，吊顶为平吊顶，高度为 5m，多功能厅长 25m、宽 15m，会议厅长 20m、宽 10m。请解答下列问题并列出解答过程：在会议厅设扬声器，为嵌入式安装，其辐射角为 100°，根据规范要求计算，扬声器的间距不应超过下列哪一项？

（A）8.8m　　　（B）10m　　　（C）12.5m　　　（D）15m

答案：A

解答过程：依据《民用建筑电气设计规范》（JGJ 16—2008）第 16.6.5 条式（16.6.5-3）$L = 2(H-1.3)\tan\theta/2 = 2(5m-1.3m)\tan 100°/2 = 8.8m$，点评层高虽为 5.5m，但有吊顶，扬声器嵌入在吊顶内，视扬声器高度与棚一致，为 5m。

6. 某市有一新建办公楼，地下二层，地上 20 层，在第 20 层有一个多功能厅和一个大会议厅，层高均为 5.5m，吊顶为平吊顶，高度为 5m，多功能厅长 25m、宽 15m，会议厅长 20m、宽 10m。在会议厅，将扬声器靠墙角布置，已知会议厅平均吸声系数为 0.2，$D(\emptyset) = 1$，请计算扬声器的供声临界距离，并判断下列哪个数值是正确的？

（A）1.85m　　　（B）2.62m　　　（C）3.7m　　　（D）5.24m

答案：C

解答过程：依据《民用电气建筑设计规范》（JGJ 16 — 2008）附录 G 式（G.0.1）、式（G.0.2-4）和表 G.0.1。室内总面积为：$S = 20m×10m×2+(20+10)m×2×5m = 700m^2$；房间常数为：$R = 175$；靠墙角布置时按表 G.0.1 取 $Q = 4$，临界距离为：$r_c = 0.14D(\theta)\sqrt{QR} = 0.14×1×(4×175)^{1/2}m = 3.70m$。

7. 在进行民用建筑共用天线电视系统设计时，对系统的交扰调制比、载噪比、载波互调比有一定的要求，下列哪项要求符合规范规定？

（A）交扰调制比大于等于 44dB，载噪比大于等于 47dB，载波互调比大于等于 58dB

（B）载噪比大于等于 58dB，交扰调制比大于等于 45dB，载波互调比大于等于 54dB

（C）载波互调比大于等于 44dB，载噪比大于等于 45dB，交扰调制比大于等于 52dB

（D）交扰调制比大于等于 47dB，载波互调比大于等于 58dB，载噪比大于等于 44dB

答案：D

出处：《有线电视网络工程设计标准》（GB/T 50200—2018）或《民用建筑电气设计规范》（JGJ 16—2008）第15.2.4条。

8. 在有线电视系统工程接收天线的设计中，规范规定两副天线的水平或垂直间距不应小于较长波长天线的工作波长的1/2，且不应小于下列哪项数值？

(A) 0.6m   (B) 0.8m   (C) 1.0m   (D) 1.2m

答案：C

出处：《有线电视网络工程设计标准》（GB/T 50200—2018）。两副天线的水平或垂直间距不应小于较长波长天线的工作波长的1/2，且不应小于1m。

9. 有一会议中心建筑，首层至4层为会议楼层，首层有一进门大厅，3层设有会议电视会场，5~7层为办公室。该会议中心3层有一中型电视会场，需在墙上安装主显示器。已知主显示器高1.5m，参会人员与主显示器之间的水平距离为9m，参会者坐姿平均身高1.40m，参会者与主显示器中心的垂直视角为15°，无主席台。问主显示器底边距地的正确高度为下列哪一项？

(A) 2.41m   (B) 3.06m   (C) 3.81m   (D) 4.56m

答案：B

解答过程：依据《会议电视会场系统工程设计规范》（GB 50635—2010）第3.5.2条。$H' = H_1' + H_2' + H_3' = 9m \times \tan 15° + 1.4m + 0m = 3.81m$；$H = H' - 1.5/2 = 3.81m - 0.75m = 3.06m$。

10. 有一栋写字楼，地下一层，地上10层。其中，1~4层布有裙房，每层建筑面积为3000m²；5~10层为标准办公层，每层面积为2000m²。标准办公层每层公共区域面积占该层面积的30%，其余为纯办公区域。在4层有一设主席台的大型电视会议室，在主席台后部设有投射幕，观众席第一排至会议的投影幕布的距离为8.4m，观众席共设有24排座席，两排座席之间的距离为1.2m，试通过计算确定为满足最后排人员能看清投影幕的内容，投影幕的最小尺寸（对角线）应为下列哪项数值？

(A) 4.0m   (B) 4.13m   (C) 4.5m   (D) 4.65m

答案：A

解答过程：依据《民用建筑电气设计规范》（JGJ 16—2008）第20.4.8-6条。会场前排与会人员观看投影幕布或彩色视频显示器的最小视距，宜按视频画面对角线的规格尺寸2~3倍计算，即$D = 8.4m / (2~3) = 2.8~4.2m$；最远视距宜按视频画面对角线的规格尺寸8~9倍计算，即$D = [8.4m + 1.2m \times (24-1)] / (8~9) = 4~4.5m$。综上所述$D = 4~4.2m$，选项A满足最小尺寸要求。

第 8 章

信息设施系统工程实例

8.1　学校建筑信息设施系统工程实例

1. 学校工程概况

某大学新校园占地 200 亩，总建筑面积约 60 万 m^2，校区包含宿舍楼、食堂、教学楼、图文信息中心楼等。

2. 信息设施系统总体设计

根据学校智能化系统应用需求，结合校区总体建设规划和相关规范标准，该大学校区信息设施系统设置有：弱电综合管路系统、综合布线系统、信息网络系统、通信接入系统、公共广播系统、有线电视及卫星接收系统、会议系统、信息导引及发布系统、机房工程。

3. 弱电综合管路系统

弱电综合管路系统是数字化校园建设中各弱电系统的基础平台，它直接关系到各弱电系统建设的基础通道。该校区建设是逐步进行的，在建设初期必须考虑室内外管道系统的预留满足建成后各个系统的需要，避免将来系统扩展时没有足够的预留管道，从而破坏整体建筑结构以及装修等。

室内弱电管路系统主要分为进出户管道、垂直主干、水平主干和分支管道。进出户管道为各个单体建筑和整个系统连接的通道，垂直主干在弱电竖井敷设，水平主干敷设在公共走廊和大厅内，分支管道从水平主干沿吊顶、沿墙、沿地面至使用终端。在设计时，充分考虑各弱电系统的发展，预留一些管线满足扩展需要。

室外弱电综合管路根据该校区的园区布局情况，在主干道上预留足够的管道。室外弱电综合管道比较复杂，它不仅和校园整个弱电各个子系统的系统架构有紧密联系，而且还涉及各个专业，与强电、上行水、下行水、煤气、道路、土建等均相关。

4. 综合布线系统

数字校园是随着计算机、通信技术和联网技术、楼宇控制技术的普及应用，逐步发展起来的。某大学校区综合布线需要考虑结构化综合布线系统，为计算机网络系统、安保系统、多媒体系统、楼宇自动化控制系统等子系统的各类信息交换提供物理链路。学校校区的综合布线既要满足各单体楼的使用需求，又要从校园整体布线结构上进行优化设计，使整体布线结构明了实用，避免因为施工的先后顺序造成的材料浪费和重复施工。

（1）综合布线系统总体设计

根据用户对智能化系统提出的基本要求和初步设想，对综合布线系统进行设计，如

图 8-1 所示。综合布线子系统是整个智能化系统的重要组成部分，是信息传输的基础设施，因此在综合布线系统规划时将以"统一考虑、分别实施、物尽其用、经济合理"的原则进行分类实施。

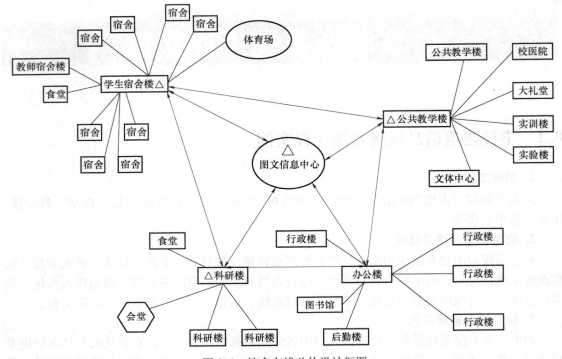

图 8-1　综合布线总体设计框图

对校园的总体布局和功能分区进行综合考虑，决定室外主干采用单模光纤，在校园总体规划上选择了几个区域中心和一个应用总中心。选择图文信息中心为校园总中心，该中心到各区域中心之间采用光纤进行连接，将来可以做成双核心的结构；各单体建筑根据物理分布通过单模光纤接入就近的区域中心。

校园的整体组网采用环形加星形结构，数据主干采用多芯单模光缆，在校区内其他楼设置 4 个区域中心，在图文信息中心设置一个网络总中心，基本上按照 4 个区域中心的位置将整个园区划分为 4 个方形的区域，每个区域内不设置三级汇聚中心，由各个单体建筑接入所属的中心。

主干光缆在保证现有需求的同时预留一定容量的光纤，在整体网络结构中，设计总中心到 4 个区域中心之间的星形主干光缆采用 2×48 芯单模光缆连接，4 个区域中心之间环网主干光缆采用 24 芯单模光缆连接，4 个区域中心到各个单体楼设备间采用 12 芯单模光缆。

单体楼如宿舍等采用 6 类 4 对非屏蔽对绞线连接用户终端和设备间的配线设备，教学楼、图文信息中心等地方采用 6 类布线系统做数据水平缆线，语音布线采用 5 类 4 对非屏蔽对绞线，从区域中心到单体楼设备间可考虑从区域中心直接引光纤至每个设备间。

（2）综合布线系统结构化设计

工作区子系统设计：提供的标准 RJ45 信息出口为 6 类系统。开放式的 6 类 RJ45 信息出口可兼容并支持各种电话、传真、计算机网络及计算机系统。

配线子系统设计：信息点采用的 6 类对绞线，能够充分满足各种宽带信号的传输，也可满足用户将来使用各种计算机网络的需求。除去工作区跳线，水平缆线不得超过 90m，如超过 90m，则须增加楼层设备间。

水平缆线的长度根据图样估算并考虑了端接余量及富余量。因 1 箱电缆长度为 305m，则计算方式为

$$平均缆线长度(m) = (最大长度+最小长度)/2+6m+10\%余量 \tag{8-1}$$
$$UTP 电缆用量(箱) = 信息点数×平均每点缆线长度/305 \tag{8-2}$$

干线子系统设计：干线部分提供了大楼主配线架（MDF）与楼层配线架（DF）的连接路由。室外数据主干采用单模光纤。8.3μm/125μm 单模光纤的优点为光耦合率高、衰减小、传输距离长。单模光缆能够支持大楼内超过 100m 传输距离的计算机网络和需要高带宽的高速网络传输应用，可以确保目前和今后一段时间网络系统的需求，选 1 根 12 芯 8.3μm/125μm 单模光纤来进行室外高带宽、高速率的数据传输。

铜缆及光纤的长度均用各楼层配线间到主配线间之间的距离乘以缆线根数并考虑足够的端接余量和富余量，以便将来系统的扩容（即点数的增加）。干线用线量计算方式为

$$每层垂直主干铜(光)缆长度(m) = (50+H)×(1+10\%)+6(10) \tag{8-3}$$
$$\qquad\qquad 主配线间到竖井距离 \quad 层高 \quad 冗余 \quad 接续$$
$$每层垂直主干铜(光)缆用量(m) = 每层垂直主干铜(光)缆长度×根数 \tag{8-4}$$

设备间及管理子系统设计：设备间和管理子系统是由配线架、跳线、各种标识所组成的。在配线架上使用色标来区分干线电缆、水平缆线和连接在配线架上的设备端接点，每个分配线间的光纤到光纤配线架后通过光纤跳线连接到网络设备上，再通过数据跳线和数据的水平配线架连接。

建筑群子系统设计：各单体建筑网络弱电设备间到汇聚中心敷设 12 芯室外单模光纤。

5. 信息网络系统

校园网的规划中，整个系统将来要达到 15000～20000 信息点的规模。这就要求在进行校园网初期网络建设中，校园网的主干节点必须要考虑足够的余量，以保障将来网络的扩展。在校园网的对外接入方面，可以考虑配置高性能路由器以接入 Internet，并配置高性能防火墙以保障校园网的安全。同时，需要建立拨号访问服务器以提供对在校园网外部用户对内网的访问功能。

在计算机网络系统的总体建设中，将该学校分为 3 个层次：

1）在图文信息中心建设校园的双核心网络，两台主交换机分别以单模千兆方式连接二级交换中心，并建立校区的数据中心和各类应用软件服务系统。

2）在校园网中设立 4 个汇聚中心，通过单模光纤以双路千兆方式接入到网络核心，并向下以千兆方式接入到楼层；同时，4 个汇聚节点之间以千兆互连，形成校区内的星形环网，有效避免校园骨干的单点故障。

3）在各楼层内部通过对接入交换机进行堆叠或千兆级联，实现所有接入交换机千兆上连，百兆接入桌面信息点。

在楼宇内根据信息点分布特点合理设置配线间，每配线间配置适当数量的接入交换机（或交换机堆叠）提供桌面信息的接入，实现所有接入交换机千兆上连，百兆接入信息点。

主干设备负责对园区网内的所有数据进行高速转发，为数据库服务器和应用服务器群之间大容量信息交换提供有效的高速通道。主干网络如果出现故障，整个校园网就会全部瘫痪。因此，要选用安全性、可靠性、稳定性、可扩展性等各方面都有较高性能的主干交换机。

6. 无线网络接入系统

规划采用无线网络技术实现师生在校园内随时随地的接入需要，扩展网络的使用范围，特别在露天广场、湖边等环境优美的休闲场所提供无线接入，同时体现校区数字化校园网络应用的水平。

有线网络的规模较大、终端数量较多、对网络传输要求高，如果将无线网络加载在现有有线网络之上会加重有线网络负担，因此综合考虑这些因素，额外设置一套有线网络用以承载无线网络，以缓解有线网络的压力。此外，考虑到本无线网络规模大、覆盖范围广、用户数多的特点，对网络性能和用户认证都提出了很高要求，如果将全无线网络都划到一个虚网内，则会严重影响网络性能，因此根据无线网络覆盖的功能区域及用户数划分为几个子网，每个无线子网分别由一台无线网络控制器进行控制，而在中心有一台接入服务器，负责为各无线子网提供用户账号的集中统一管理和计费。

为了实现整个校园无盲点的无线覆盖，为保证信号覆盖全面又无信号间的干扰情况产生，设计时室内采用天馈系统，在室外采用大功率发射的方案，尽量减少接入点的数量，增加天线的覆盖范围。

7. 公共广播系统

公共广播系统是学校重要的硬件基础设施，通过学校广播可进行德育教育和外语教学、自办节目等，该系统也是执行维护教学秩序的重要工具。随着技术的飞速发展，校园广播系统已经经历了单分区系统、手动控制多分区系统，再到目前最先进的微机控制全自动多分区系统等几个发展阶段。全自动多分区系统因为可以独立控制播放的各个分区，如操场、教室、宿舍等，对不同区域在不同时间播放不同节目，全自动控制器可以自动控制分区的切换，具有无需人工去打开或关闭等优点，正逐渐成为校园广播系统的主流和首选。

广播系统的扬声器分布在校园各栋楼的公共区域以及室外区域。室外扬声器外形包括假山形、蘑菇形等，与外部环境融为一体；在地下室区域布置防雨音柱，外形大方新颖。系统可实现播放背景音乐、呼叫广播、分区广播、消防报警等功能。

按照建筑设计防火系统规范要求，公共广播系统必须遵照有关规定按消防分区进行广播分区。在校园校区的广播系统设计中，采用消防广播与背景音乐合二为一的方式，广播扬声器及回路设置严格按照消防分区布放，切换部分由广播系统完成。正常情况下，进行背景音乐广播，但当消防紧急状态时，所有区域自动强行切入到消防广播系统，优先进行消防紧急广播。

系统设计有自动开关电源和节目定时器，每台节目定时器能控制4台电源时序器，可设置80个开关时间事件，时钟误差为3~4s/月，完全满足广播系统要求。电源时序器可为8台设备供电，广播系统中除主机和定时器直接24h不间断供电外，其余均由电源时序器供电。系统设计有自办节目系统，如CD、卡座、调音台等。自办节目可由学校在指定时间在指定区域播出，如当下午5点时，系统会自动将自办节目设备电源打开并指定路由，自办节目即可播出。

8. 有线电视及卫星接收系统

工程设计中需考虑卫星接收及有线电视系统，根据使用功能拟分为两大块，即教学区和生活区，两个功能分区接收到电视节目要严格的分开。

系统设置有与地区有线电视网联网的接口。系统采用 860MHz 全频段电缆电视分配传输系统，可满足实施邻频传输方式和增补频道传输的需要。系统分配放大等信号处理设备和器件配置均应满足双向传输的需要。系统支持双向传输，预留数据业务的带宽。

根据校园校区的结构特点，电视系统设计的结构如下：设计 3.2M 双波段卫星天线一套，分别用于接收鑫诺一号卫星上 6 套免费卫星电视节目，卫星电视系统按照 860MHz 带宽有线电视传输系统要求设计，其中 550MHz 以下留给当地有线电视信号，550~860MHz 安排给卫星节目和自办节目。有线电视前端机房位于图文信息中心大楼有线电视机房，卫星接收天线安装在该楼楼顶。

9. 会议系统

会议系统包括普通会议系统和视频会议系统两部分。会议室分为 40 人、60 人、80 人、300 人和 650 人的多个会议室，会议室类型有普通会议室、大型视频会议室及同声传译会议室。按照 650 人大会议室、300 人会议室和小型会议室 3 种档次考虑，会议室的设计应遵循以下原则。

普通小型会议室：主要考虑投影及扩声部分，满足简单的视听要求。投影仪采用 SANYO 投影仪，并采用德国 Hkaudio 及荷兰 PHONIC 的专业扩声设备。其布置大样图如图 8-2 所示。

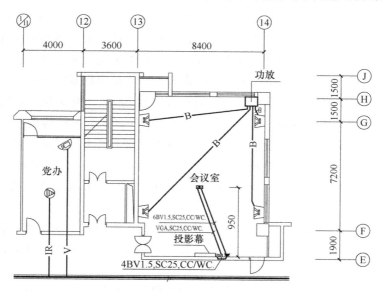

图 8-2　普通小型会议室设计

大型会议室考虑设在图文信息楼及行政楼，中型会议室设在行政楼。图文信息楼的大会议室主要用于学校的学术交流、大型文艺活动及学校会议召开。大报告厅的功能较全面，主要考虑以下内容：投影系统、专业扩声系统、集中控制系统、同声传译系统、音视频采集系统及无线上网部分。

会议发言及同声传译系统：设置 3 个译员室，满足 3 种语种的翻译要求，每种语言的译员室相互隔开，设置单独封闭房间。在每个译员室内放一台液晶显示器，接入视频信号以便译员直接观察到发言人。会场的红外辐射器采用调频红外光将各种语种送到会场的各个角落，在辐射器完全辐射到的范围内，用带有耳机或内置扬声器的个人线外接收器收听。主要设备配置：根据面积考虑 2 台红外辐射器，增强型中央控制器 1 台，主席机 1 台，译员机 3 台，红外旁听接收机 80 只，译员耳机 3 只，会议传声器台上 10 个、台下 10 个，基本模块及频道模块各 1 个，配套缆线及附件根据现场考虑。

10. 信息导引及发布系统

在图文信息中心、食堂和学校主要出入口等重要场所配置不同面积的大屏，通过 LED 显示屏发布图文消息、通知、广告等，同时可播放视频信号。

在图书馆大楼前广场、行政楼大厅等处设置 LED 大屏幕全真彩色显示系统，用于实现学校的新闻发布、教学活动安排、实况转播、下达通知、视频欣赏等功能。

信息导引及发布系统通过局域网连接到大屏幕显示系统服务器，经过组织、处理和控制，以显示各类信息，同时也可播放闭路电视、录像、影碟等视频信息，以及二、三维动画和图文广告信息，并用于对外发布各类公告，如本楼对外办公系统说明、各接待窗口说明、接待办事流程说明、人员外出说明等。

在图文信息中心、行政中心大楼、各综合教学楼门口设置多媒体查询系统，可对内部设施、布局和相关信息进行方便的查询。

11. 机房工程

计算机机房工程是一种涉及空调、配电、自动检测与控制、抗干扰、综合布线、消防、建筑、装潢等多种专业的综合性产业。根据设计资料、设计需求及现场的实际情况，对影响计算机稳定可靠运行的各种因素进行分析，在设计过程中采用较为先进的设计思想，选用性价比突出的设备和材料，既能满足当前的实际需要，又能适应将来的发展要求。

校区网络中心机房设在图文信息楼，网络机房约为 $200m^2$；安防及广播机房也集中考虑在图文信息楼，安防机房约 $80m^2$，广播机房 $60m^2$；另外有线电视机房也考虑在图文信息中心楼 12 楼，约 $70m^2$。机房设计考虑 UPS 电源、接地、地板提升、消防、装修和空调系统。

计算机网络系统：整个网络系统考虑到学校网络的高带宽、高稳定性和高安全性的特点，满足学校应用系统和与 Internet 连接的需求，同时对网络采取了诸如防火墙、VLAN 等安全措施。

门禁系统：设置全面完善、稳定可靠、易于扩展的出入通道控制管理功能；对网络机房的出入口进行门禁管理，对各通道口的位置、通行对象及通行时间等进行实时控制或设定程序控制。

供配电管理系统：交流电源、直流电源，UPS 电源、稳压电源、配电柜。对于计算机机房内的设备来说，采用 UPS 不间断电源极为重要，它不但能提供稳定可靠的高质量的电源，在正常电源因故断电时，也可由后备电池支撑继续供电，保证计算机有正常应急处理时间，确保数据信息安全储存。

防雷接地系统：机房接地系统是机房建设中的一项重要内容，接地系统是否良好是衡量一个机房建设质量的关键性问题之一。

机房专用精密空调系统：机房空调系统恒湿、恒温和洁净度是运行环境的保障。

8.2 体育建筑信息设施系统工程实例

随着我国体育运动的蓬勃发展，对各种体育场馆设施的智能化要求逐步提高。体育馆智能化系统是现代化大型体育馆的大脑和神经，是体育赛事顺利进行的重要保证。完备的智能化系统一方面可以使体育赛事更加公正准确，裁判员的工作效率大大提高；另一方面可提高体育比赛的观赏程度，增加体育场馆及体育比赛的社会效益。

1. 体育场馆智能化系统的特点及概况

某市体育中心作为一个综合性场馆。体育场馆独特的使用功能及特点使其智能化系统与其他大厦的智能化区别很大：首先针对体育场馆的比赛特性，智能化系统更注重综合布线、计算机网络、场地灯光、扩声及与体育竞赛直接相关的计时记分系统、直播系统等，而在其他智能大厦中占主导地位的建筑设备监控系统、有线电视及卫星接收系统等子系统在此却不占主导地位；其次由于体育场馆占地面积大、楼层低、设备分散，无论从布点还是设备管理上都会比大厦增加一定的难度，如综合布线、计算机网络、建筑设备监控系统的设计思想及施工手段有很大不同，这就要求设计施工人员及管理人员对于体育场馆的特性有针对性地进行设计施工及管理。体育智能化系统在建设和使用中均表现为集成的整体，具有"智能集成、扩充兼容、创新应用"的特征。体育智能化系统是一个庞大的系统工程，其中综合布线系统就包括了普通综合布线、体育竞赛系统布线、电视转播及评论系统布线、场地扩声联络管线敷设、场地照明联络管线敷设、体育馆/游泳馆升旗系统布线等。

体育馆智能化系统按其功能分类为：

1）场馆日常运行基础子系统：楼宇自控系统、计算机信息网络系统与综合布线系统等。

2）场馆安全保障子系统：闭路电视监控系统、防盗报警系统、电子巡更系统和门禁控制系统等。

3）为竞赛训练和大型活动服务的子系统：场地灯光系统、音响扩声系统和公共广播系统等。

4）为大型赛事提供信息服务的子系统：计时记分系统、电视转播及评论系统、新闻中心和场地 LED 大屏幕显示系统等。

2. 综合布线系统与计算机网络系统

综合布线系统的缆线采用走线架线槽+镀锌钢管布放的方式，方便检修和更换缆线。综合布线系统性能关系到体育中心体育场未来智能化系统的应用能力，是信息化建设成败的关键所在。根据体育中心的建筑设计图、建筑结构和平面布局的特点，分成两部分设计。

1）体育馆部分：共设计布置 174 个 6 类信息点，174 个语音点，主要集中在组委会、竞赛办公室、新闻发布中心、裁判席/记者席等位置。在该馆中设置了两个弱电竖井，信息点均采用 6 类信息模块，用 6 类水平缆线连接至弱电井中的网络机柜，语音部分则采用对绞线连接至弱电井中的网络机柜，主干数据部分采用 6 芯单模光纤连接至弱电控制机房。

2）游泳馆部分，共设计布置 93 个 6 类信息点，93 个语音点，采用与体育馆相同的布线方式。

体育场馆通常都具有楼层不高但占地面积非常大的特点，所以在综合布线的设计过程中，弱电间位置的选择和摆放非常重要，否则很有可能会出现大量超过100m长度限制的信息点位。所以将弱电箱放置在场馆的中心位置，缆线的走线路由尽量走直线。

3. 音响扩声系统

体育馆的音响系统首先是以满足体育比赛语言扩声要求为主，其次是承接一些大型文艺演出活动，在使用功能上不同于其他厅堂扩声，也不同于剧场扩声，除保证语言的清晰度要高及音质柔和、声压覆盖要均匀外，还要求设备的功率要大并留有余量。体育场馆的建筑声学特性普遍较差，主要原因是其体积大，混响时间较长，在装饰阶段需要特别考虑声学装修，使场馆保证良好的声学特性。

4. 公共广播系统

公共广播系统应具有背景音乐广播和火灾事故广播功能。该系统用于各个场馆，平时可在公共区域播放背景音乐，发生火灾时，通过自动或手动强制切换成事故广播使用，指挥疏散。在体育馆内，采用分散式布置方案将公共广播扬声器分散吊装在比赛大厅的四周及各通道和办公场所，保证了整个声场的均匀度和清晰度。要保证音箱的绝大部分能量控制在所需范围，并均匀地覆盖近、中、远场。游泳馆的公共广播扬声器也采用同样的吊装方式，使其取得同样的效果。

5. 计时记分系统

计时记分系统是成绩处理系统的前沿采集系统，除自身形成完整的数据评判体系外，还可将其采集的数据通过技术接口传送给现场大屏幕显示系统、广播电视系统和成绩处理系统。该系统根据竞赛规则，对比赛全过程产生的成绩及各种环境因素进行监视、测量、量化处理、显示公布，同时向相关部门提供所需的竞赛信息。

游泳馆游泳项目现场计时记分系统由出发面板、终点触板、返身触板、泳道控制模块、扬声器、盲表、闪灯、传声器和发令器等设备构成。通过相关操作，计时记分设备及专用软件系统将自动采集的信号远程传输到后台的成绩处理计算机。体育馆体操项目计时记分，现场评分员采用手持式无线打分器，无线交换机安装在室内高处。球类计时记分系统采用赛前移动临时布线方式，可利用场地上的竞赛专网插口将信号传至显示屏系统和电视转播系统。

6. 场地LED大屏幕显示系统

LED大屏幕显示系统是集计算机网络技术、多媒体视频控制技术和超大规模集成电路综合应用技术于一体的大型电子信息显示系统，具有多媒体、多途径、可实时传送的高速通信数据接口和视频接口。本体育中心的体育馆设计安装两块高5.32m、宽9.45m的LED显示屏，游泳馆设计安装一块高4.8m、宽8.64m的LED显示屏，最大程度地满足场馆内正式固定座位95%以上的观众视角要求，并使比赛现场的运动员、教练员和裁判员都能够方便清楚地看见屏幕显示的内容。

8.3 综合布线工程预算编制实例

1. 工程概况

XX医院老年病房综合布线、有线电视系统设计共5张施工图，其中系统图1张，1~5层综合布线平面图4张，如附录图1、附录图2、附录图3、附录图4、附录图5所示。项目位于市区内，建筑面积5400m²，由住院病房、办公室、抢救室、值班室、活动室、会客室等功能间组成，设有宽带网、电话、有线电视、呼叫系统、闭路监控、警铃系统等设施。

2. 施工说明

在 2 楼弱电井内设置机柜、配线架，1~5 层每层设桥架，在桥架及暗配管内穿超 5 类双绞线。金属软管用于桥架与 PVC 管连接。在房间内安装信息底盒及终端，其他说明详见施工说明及系统图。

3. 施工图预算的编制依据及说明

1）施工图（平面图及系统图）及相关图集。

2）XX 省预算定额及配套费用定额。

3）XX 省关于人工调整及税金调整的各类说明文件。

4. 施工图预算的编制范围及要求

本例施工图预算仅编制综合布线，数据中心设置在医院行政楼，不计从机房到老年病房大楼 2 楼弱电井引线的工程量。定额使用 XX 省安装工程定额，主材由乙方提供，人工费及税金调整按国家政策文件执行。工程类别为三类工程，市区施工。

熟悉并分析图样，通过识图，整理列项如下：

1）安装机柜（墙挂式）；

2）安装抗震底座；

3）配线架安装打接（48 口）；

4）跳线架安装打结；

5）安装 8 位模块式信息插座（双口）；

6）安装 8 位模块式信息插座（单口）；

7）安装信息插座底盒（接线盒）；

8）安装过线（路）盒（86 盒，半周长 200mm 内）；

9）管/暗槽内穿放（4 对）CAT5EUTP；

10）桥架内穿放（25 对）CAT5EUTP；

11）砖混凝土结构暗配（φ20mm 内）PVC16；

12）砖混凝土结构暗配（φ20mm 内）PVC20；

13）砖混凝土结构暗配（φ20mm 内）PVC25；

14）钢制槽式桥架（200mm×100mm）；

15）钢制槽式桥架（300mm×150mm）；

16）金属软管（公称管径 20mm，每根长度 300mm）；

17）CAT5E UTP 测试。

工程量列表计算见附录表 4，并根据工程预算编写工程预算书。工程预算书中包括综合布线工程单位工程费用表（见表 8-1）、各分项工程定额套用表（见表 8-2）、工程组织措施费汇总表（见表 8-3）、未计价主材汇总表（见表 8-4）以及单位工程人材机价差表（见表 8-5）。各分项工程通过套用相应定额子目得到相应的分项工程套用表，在分项工程套用表基础上以分项工程表中人工和机械之和计算得到措施项目表 8-3，定额没有包含的主材通过当地造价信息手册确定的价格计入表 8-4，定额中已有的材料价格信息、人工费用与当地造价信息手册确定的价格有价差需进行价差调整为表 8-5，表 8-2 为其他各表进行汇总求和并计取相关费用所得。

表8-1 单位工程费用表

工程名称：××医院老年病房综合布线工程

序号	费用名称	取费说明	费率	费用金额/元
1	直接费（含措施项目费）	人工费+材料费+机械费		21461.78
2	人工费	人工费+组织措施人工费+技术措施项目人工费		13536.82
3	材料费	材料费×0.86+组织措施材料费+技术措施项目材料费×0.86		7412.91
4	机械费	机械费×0.89+组织措施机械费+技术措施项目机械费×0.89		512.05
5	管理费	人工费+机械费+商砼人工费+商砼机械费	20	2809.77
6	利润	人工费+机械费+商砼人工费+商砼机械费	17.5	2458.55
7	主材费	（主材费+技术措施项目主材费）×0.86		33195.43
8	设备费	（设备费+技术措施项目设备费）×0.86		
9	人材机价差	人工价差+材料价差+机械价差		6.86
10	人工价差	人工价差		
11	材料价差	材料价差×0.86		6.86
12	机械价差	机械价差×0.89		
13	人工调增	人工费+机上人工费×0.89+组织措施人工费+技术措施项目人工费+技术措施项目机上人工费×0.89	56	7596.08
14	合计	直接费（含措施项目费）+管理费+利润+主材费+设备费+人材机价差+人工调增		67528.47
15	规费	工程排污费+社会保障费+住房公积金+工伤保险+生育保险+水利建设基金		2815.94
16	工程排污费			
17	社会保障费	养老失业保险+基本医疗保险		2160.91
18	养老失业保险		2.5	1688.21
19	基本医疗保险		0.7	472.7
20	住房公积金		0.7	472.7
21	工伤保险		0.1	67.53
22	生育保险		0.07	47.27
23	水利建设基金		0.1	67.53
24	合计	合计+规费		70344.41
25	税金	合计	11	7737.89
26	含税工程造价	合计+税金		78082.3

表8-2 各分项工程定额套用表

工程名称：××医院老年病房综合布线工程

序号	定额号	名称	单位	工程量	基价/元	直接费/元
1	12-135	安装机柜（墙挂式）	台	1	3429.46	3429.46
2	12-136	安装抗震底座	个	1	238	238
3	122-18	配线架安装打接（48口）	台（个）	1	226.44	226.44

（续）

序号	定额号	名　称	单位	工程量	基价/元	直接费/元
4	12-13	跳线架安装打结	台（个）	1	98.59	98.59
5	12-21	安装8位模块式信息插座（双口）	个	26	54.28	1411.28
6	12-20	安装8位模块式信息插座（单口）	个	55	42.86	2357.3
7	12-26	安装信息插座底盒（接线盒）	个	79	8.24	650.96
8	12-23	安装过线（路）盒（86盒，半周长200mm内）	个	66	11.12	733.92
9	12-1	管/暗槽内穿放（4对）CAT5EUTP	100m	9.34	260.91	2436.9
10	12-7	桥架内穿放（25对）CAT5EUTP	100m	30.69	308.01	9452.83
11	2-1194	砖混凝土结构暗配（φ20mm内）PVC16	100m	3.23	685.29	2213.49
12	2-1195	砖混凝土结构暗配（φ20mm内）PVC20	100m	2.12	785.91	1666.13
13	2-1196	砖混凝土结构暗配（φ20mm内）PVC25	100m	0.31	833.72	258.45
14	2-551	钢制槽式桥架（200mm×100mm）	10m	28.6	926.04	26484.74
15	2-552	钢制槽式桥架（300mm×150mm）	10m	1.83	1545.23	2827.77
16	2-1225	金属软管（公称管径20mm，每根长度300mm）	10m	1.5	300.67	451.01
17	12-30	CAT5E UTP 测试	链路（信息点）	107	8.91	953.37

表8-3　组织措施费汇总表

工程名称：××医院老年病房综合布线工程　　　　　　　　　　　　　　第×页　共×页

序号	名　称	单位	基数说明	费率（%）	合价/元
1.1	安全文明施工	项	人工费+机械费×0.89-措施子目人工费-措施子目机械费×0.89+商砼人工费+商砼机械费	2.1	287.48
1.2	临时设施	项	人工费+机械费×0.89-措施子目人工费-措施子目机械费×0.89+商砼人工费+商砼机械费	4.5	616.03
1.4	材料及产品质量检测	项	3240		3240
1.5	雨期施工增加费	项	人工费+机械费×0.89-措施子目人工费-措施子目机械费×0.89+商砼人工费+商砼机械费	0.3	41.07
1.6	冬期施工增加费	项			
1.7	已完、未完工程及设备保护	项	人工费+机械费×0.89-措施子目人工费-措施子目机械费×0.89+商砼人工费+商砼机械费	0.5	68.45
	合计				4253.03

表8-4　未计价主材汇总表

工程名称：××医院老年病房综合布线工程　　　　　　　　　　　　　　第×页　共×页

序号	材料名称	规　格	单位	数量	定额价/元	合计/元
1	壁挂机柜（机架）		个	1	3248	3248
2	抗震底座		个	1	130	130
3	桥架	200×100	m	286	60.5	17303

（续）

序号	材料名称	规 格	单位	数量	定额价/元	合计/元
4	桥架	300×150	m	18.3	104.2	1906.86
5	盖板	200×100	m	286	12	3432
6	盖板	300×150	m	18.3	9	164.7
7	隔板	300×150	m	10.98	20.54	225.53
8	双绞缆线	CAT.5E	m	3130.38	1.89	5916.42
9	双绞缆线	CAT.5E	m	952.68	1.89	1800.57
10	阻燃塑料管	PVC16	m	355.3	1	355.3
11	阻燃塑料管	PVC20	m	233.2	1.5	349.8
12	阻燃塑料管	PVC25	m	34.1	1.8	61.38
13	过线（路）盒		个	66.66	1.5	99.99
14	信息插座底盒		个	79.79	1.5	119.69
15	8位模块式信息插座	双口—鸿雁	个	26.26	48.99	1286.48
16	8位模块式信息插座	单口—鸿雁	个	55.55	39.58	2198.67

表8-5 单位工程人材机价差表

工程名称：××医院老年病房综合布线工程　　　　　　　　　　　　　　　　第×页 共×页

序号	材 料 名	规格	单位	材料量	预算价/元	市场价/元	价差/元	价差合计/元
1	电		kW·h	43.1327	0.493	0.678	0.185	7.98

附　录

附录表 1　干线子系统信道长度计算

类别	等级							
	A	B	C	D	E	EA	F	FA
5	2000	$B=250-FX$	$B=170-FX$	$B=105-FX$	—	—	—	—
6	2000	$B=260-FX$	$B=185-FX$	$B=111-FX$	$B=105-3-FX$	—	—	—
6A	2000	$B=260-FX$	$B=189-FX$	$B=114-FX$	$B=108-3-FX$	$B=105-3-FX$	—	—
7	2000	$B=260-FX$	$B=190-FX$	$B=115-FX$	$B=109-3-FX$	$B=107-3-FX$	$B=105-3-FX$	—
7A	2000	$B=260-FX$	$B=192-FX$	$B=117-FX$	$B=111-3-FX$	$B=105-3-FX$	$B=105-3-FX$	$B=105-3-FX$

注：1. 计算式中：B 为主干缆线的长度（m）；F 为设备缆线与跳线总长度（m）；X 为设备缆线的插入损耗（dB/m）与主干缆线的插入损耗（dB/m）之比；3 为余量，以适应插入损耗的偏离。

2. 当信道包含的连接点数与图 2-37 所示不同时，当连接点数大于或小于 6 个时，缆线敷设长度应减少或增加。减少与增加缆线长度的原则为：5 类电缆，按每个连接点对应 2m 计；6 类、6 A 和 7 类电缆，按每个连接点对应 1m 计，而且宜对 NEXT、RL 和 ACR—F 予以验证。

3. 主干电缆（连接 FD～BD、BD～BD、FD～CD、BD～CD）的应用长度会受到工作环境温度的影响。当工作环境的温度超过 20℃时，屏蔽电缆长度按每摄氏度减少 0.2% 计算，对非屏蔽电缆长度则按每摄氏度减少 0.4%（20～40℃）和每摄氏度减少 0.6%（＞40～60℃）计算。

附录表 2　同轴电缆特性参数

	电缆型号	SYWV-75-5	SYWV-75-7	SYWV-75-9	SYWV-75-12
电缆结构	内导体直径/mm	1.02	1.63	2.15	2.8
	绝缘直径/mm	4.6	7.05	9.0	11.5
	外导体直径最大值/mm	6.1	8.6	10.3	12.5
	护套直径/mm	7.5	10.6	12.3	15
	最径小弯曲半径/mm	40	50	120	210
	典型弯曲次数/次	15	15	15	15
	抗张强度	27.5	55	81	120

（续）

电缆型号		SYWV-75-5	SYWV-75-7	SYWV-75-9	SYWV-75-12
电气参数	特征阻抗/Ω	75±3	75±3	75±3	75±3
	波速因数	0.83	0.83	0.86	0.87
	峰值功率/W	323	511	875	1300
	衰减系数 dB/100m 50MHz	5.2	3.1	2.3	1.9
	200MHz	9.8	6.1	4.5	3.9
	550MHz	16.1	10.0	8.0	6.7
	750MHz	18.5	12.0	9.4	7.8
	800MHz	19.0	12.7	9.9	8.2
	1000MHz	21.3	14.3	11.5	9.3

附录表3　二分支器参数表

项目	频率范围	型号规格 MW-172-								
		8H	10H	12H	14H	16H	18H	20H	22H	24H
插入损耗/dB	47~750MHz	≤4.0	≤3.3	≤2.5	≤2.3	≤2.0	≤2.0	≤1.2	≤1.2	≤1.2
反向隔离/dB	47~750MHz	≥20	≥22	≥22	≥24	≥26	≥28	≥30	≥30	≥30
相互隔离/dB	47~750MHz	≥20								
反向损耗/dB	47~750MHz	≥14								

附录表4　XX医院老年病房综合布线工程量列表

序号	定额编号	分部分项名称	位置	计算公式或说明	单位	工程量
1	12-135	安装机柜（墙挂式）	2层弱电井	1	台	1
2	12-136	安装抗震底座	2层弱电井	1	台	1
3	12-18	配线架安装打接（48口）	2层弱电井	数据点共计39个；故配线架安装打接（48口）1条	台	1
4	12-13	跳线架安装打结	2层弱电井	语音点共计68个；故跳线架安装打结（100对）1条	台	1
5	12-21	安装8位模块式信息插座（双口）	1~5层	1~5层分别有8个、3个、5个、5个、5个，合计24个	个	26
6	12-20	安装8位模块式信息插座（单口）	1~5层	1~5层分别有10个、10个、11个、11个、13个，合计55个	个	55
7	12-26	安装信息插座底盒（接线盒）	1~5层	已知双孔插座共计24个，单孔插座共计55个，故共计信息插座底盒79个	个	79
8	12-23	安装过线（路）盒（86盒，半周长200mm内）	1~5层	1~5层分别有14个、10个、13个、13个、16个，合计66个	个	66

（续）

序号	定额编号	分部分项名称	位　置	计算公式或说明	单位	工程量
9	12-1	管/暗槽内穿放（4对）CAT5EUTP	1~5层	Σ[信息点到桥架的缆线长度+信息插座端的预留长度（0.3m）] 其中，信息点到桥架的缆线长度包括水平方向和竖直方向的长度。余同 1层，水平方向 3.9×2+4.9×2+3.35+7.13×5+7.04×3+1.46×2+2.89×2+5.5+4.77+4.6×2+6.3×2+5.65+3.93×3＝135.93（m）；竖直方向（3.9-0.3）×22＝79.2（m）；预留 0.3×22＝6.6（m）；总长 221.73m 2层，水平方向 7.04×3+1.46×2+2.89×2+5.5+4.77+4.6×2+6.3×2+5.65+3.93＝71.47（m）；竖直方向（3.6-0.3）×16＝52.8（m）；预留 0.3×16＝4.8（m）；总长 129.07m 3、4层，水平方向（7.13×5+7.04×3+1.46×2+2.89×2+5.5+4.77+4.6×2+6.3×2+5.65+3.93×3）×2＝229.96（m）；竖直方向 [（3.6-0.3）×21]×2＝138.6（m）；预留（0.3×21）×2＝12.6（m）；总长 378.16m 5层，水平方向 7.13×6+7.04×3+1.46×2+2.89×2+5.5+4.77+4.6×2+6.3×2+5.65+3.93×3＝122.11（m）；竖直方向（3.6-0.3）×23＝75.9（m）；预留 0.3×23＝6.9（m）；总长 204.91m	100m	9.34
10	12-7	桥架内穿放（25对）CAT5EUTP	1~5层	Σ采用桥架敷设的缆线长度 每个信息点对应的桥架敷设的缆线长度＝水平桥架方向的长度+竖直桥架方向的长度 1层，（19.1+2.4）×2+（13.6+2.4）×2+（3.36+2.4）×5+（3.02+2.4）×2+（4.47+2.4）×3+（13.7+2.4）×4+（25.9+2.4）×4+（34.8+2.4）×3+（36.5+2.4）＝465（m）；预留 3×22＝66（m）；总长 531m 2层，（3.02+2.4）×2+（4.47+2.4）×3+（7.0+2.4）+（13.74+2.4）×4+（25.9+2.4）×4+（34.8+2.4）+（36.5+2.4）＝294.55（m）；竖直方向 3.6×26＝93.6（m）；预留 3×26＝78（m）；总长 466.15m 3层，（3.69+2.4）×5+（4.47+2.4+3.6）×3+（7.0+2.4）+（13.7+2.4）×4+（25.9+2.4）×4+（34.8+2.4）×3+（36.5+2.4）＝399.36（m）；竖直方向 7.2×21＝151.2（m）；预留 3×21＝63（m）；总长 613.56m 4层，（3.69+2.4）×5+（4.47+2.4）×3+（7.0+2.4）+（13.7+2.4）×4+（25.9+2.4）×4+（34.8+2.4）×3+（36.5+2.4）＝388.56（m）；竖直方向 10.8×21＝226.8（m）；预留 3×21＝63（m）；总长 678.36m 5层，14.3+（3.69+2.4）×6+（4.47+2.4）×3+（7.0+2.4）+（13.7+2.4）×4+（25.9+2.4）×4+（34.8+2.4）×3+（36.5+2.4）＝408.95（m）；竖直方向 14.4×23＝331.22（m）；预留 3×23＝69（m）；总长 809.15m	100m	30.98

（续）

序号	定额编号	分部分项名称	位　置	计算公式或说明	单位	工程量
11	2-1194	砖混凝土结构暗配（φ20mm 内）PVC16	1~5 层	Σ（水平方向长度+竖直方向长度） 1 层，水平方向 5.6+5.6+4.7 = 15.9（m）；竖直方向（3.9-0.3）×10 = 36（m）；总长 51.9m 2 层，水平方向 5.6+5.6+4.7×3 = 25.3（m）；竖直方向（3.6-0.3）×10 = 33（m）；总长 58.3m 3、4 层，水平方向（5.6×2+4.7×2）×2 = 82.4（m）；竖直方向［（3.6-0.3）×11］×2 = 41.2（m）；总长 113.8m 5 层水平方向，5.6×2+4.7×2+6.2 = 26.8（m）；竖直方向（3.6-0.3）×13 = 42.9（m）；总长 69.7m	100m	2.937
12	2-1195	砖混凝土结构暗配（φ20mm 内）PVC20	1~5 层	Σ（水平方向长度+竖直方向长度） 1 层，水平方向 3.1+4.9+1.4+7.2+2.8+4.7+3.8+4.7 = 32.6（m）；竖直方向（3.9-0.3）×6 = 21.6（m）；总长 54.2m 2 层，水平方向 7.2+2.8+4.7+3.8+4.7 = 23.2（m）；竖直方向（3.6-0.3）×3 = 9.9（m）；总长 33.1m 3、4 层，水平方向（3.1+7.2+2.8+4.7+4.7）×2 = 45（m）；竖直方向（3.6-0.3）×5×2 = 33（m）；总长 78m 5 层水平方向，7.2+7.0+2.8+6.5+4.7×2 = 32.9（m）；竖直方向（3.6-0.3）×5 = 16.5（m）；总长 49.4m	100m	2.15
13	2-1196	砖混凝土结构暗配（φ20mm 内）PVC25	1~5 层	Σ（水平方向×4 根），即 7.6×4 = 30.4（m）	100m	0.304
14	2-551	钢制槽式桥架（200mm×100mm）	1~5 层水平桥架	每一层水平桥架长度 = 55.2+2.0 = 57.2（m），共 5 层，合计 5.72×5 = 286（m）	10m	28.6
15	2-552	钢制槽式桥架（300mm×150mm）	1~5 层竖直桥架	垂直桥架长度取各楼层高度之和，即 14.7+3.6 = 18.3（m）	10m	1.83
16	2-1225	金属软管（公称管径 20mm，每根长度 300mm）	1~5 层	用于桥架与 PVC 管连接，共计 49 根，每根 0.3m，总长度 = 49×0.3 = 14.7（m）	10m	1.47
17	12-30	CAT5E UTP 测试		共有 107 个信息点	信息点	107

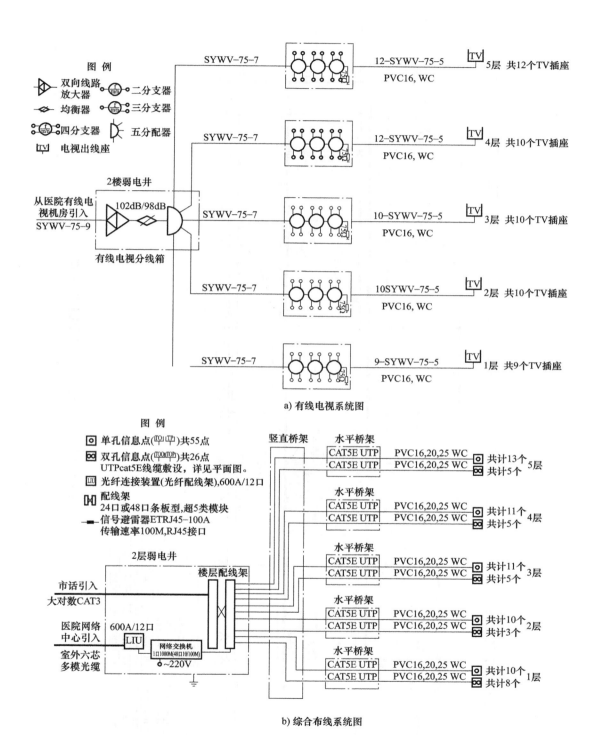

a) 有线电视系统图

b) 综合布线系统图

附录图1　有线电视系统图与综合布线系统图

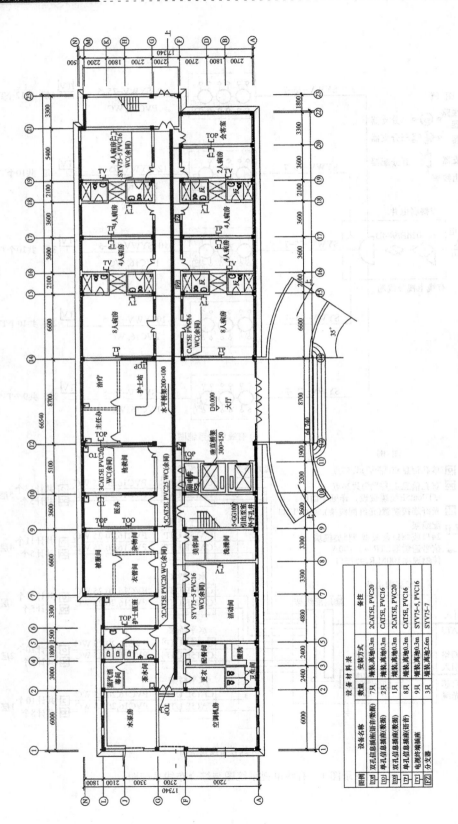

附录图 2 1层综合布线、有线电视系统施工平面图

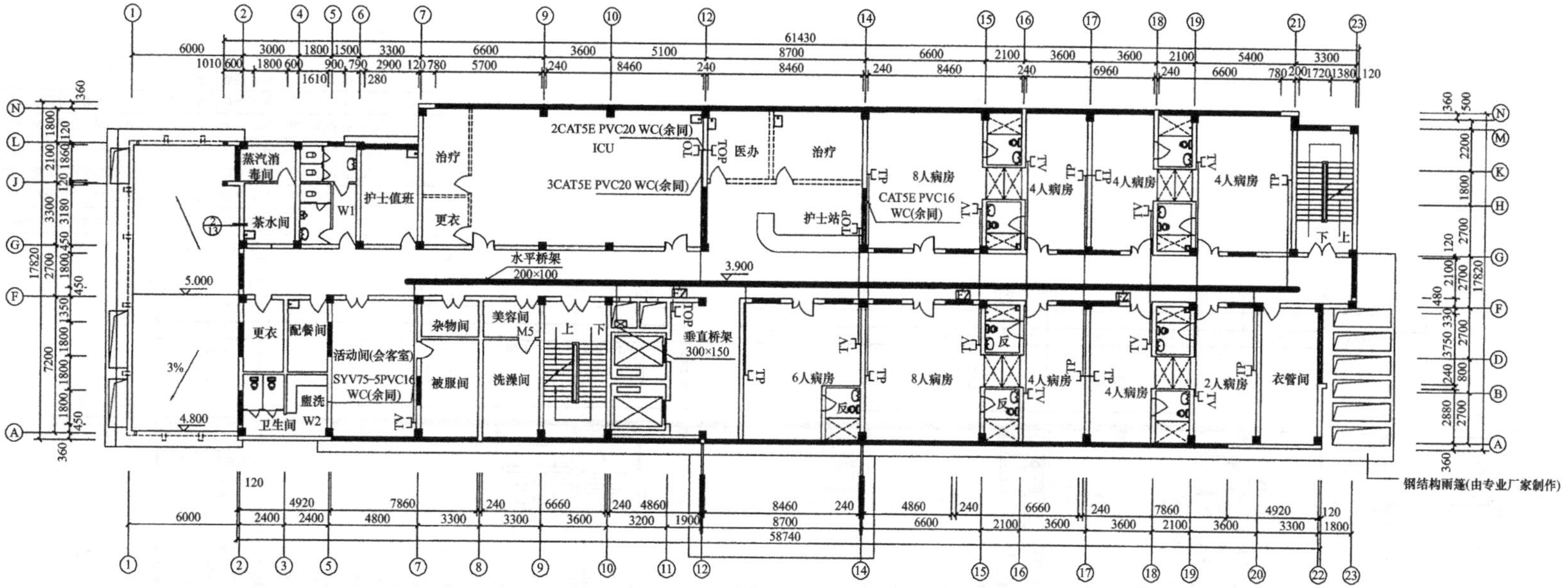

设备材料表				
图例	设备名称	数量	安装方式	备注
TOP	双孔信息插座(语音/数据)	3只	墙装,离地0.3m	2CAT5E, PVC20
TO	单孔信息插座(数据)	1只	墙装,离地0.3m	CAT5E, PVC20
TOO	双孔信息插座(数据)	只	墙装,离地0.3m	2CAT5E, PVC20
TP	单孔信息插座(语音)	9只	墙装,离地0.3m	CAT5E, PVC20
TV	电视终端插座	10只	墙装,离地0.3m	SYV75-5, PVC16
FZ	分支器	3只	墙装,离地2.6m	SYV75-7
	配线架(及机柜)	1只	墙装,离地0.5m	

附录图3 2层综合布线、有线电视系统施工平面图

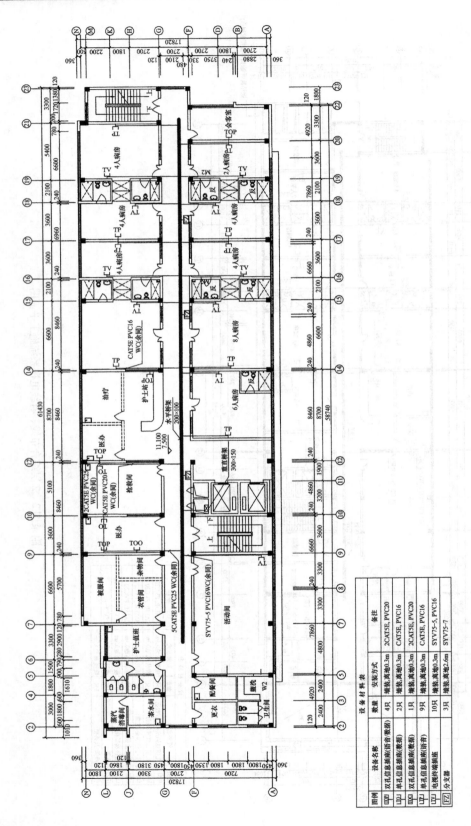

附录图 4 3、4 层综合布线、有线电视系统施工平面图

图例	设备名称	数量	安装方式	备注
	双孔信息插座(语音/数据)	4只	墙装,离地0.3m	2CAT5E, PVC20
	单孔信息插座(数据)	2只	墙装,离地0.3m	CAT5E, PVC16
	双孔信息插座(数据)	1只	墙装,离地0.3m	2CAT5E, PVC20
	单孔信息插座(语音)	9只	墙装,离地0.3m	CAT5E, PVC16
	电视终端插座	10只	墙装,离地0.3m	SYV75-5, PVC16
	分支器	3只	墙装,离地2.6m	SYV75-7

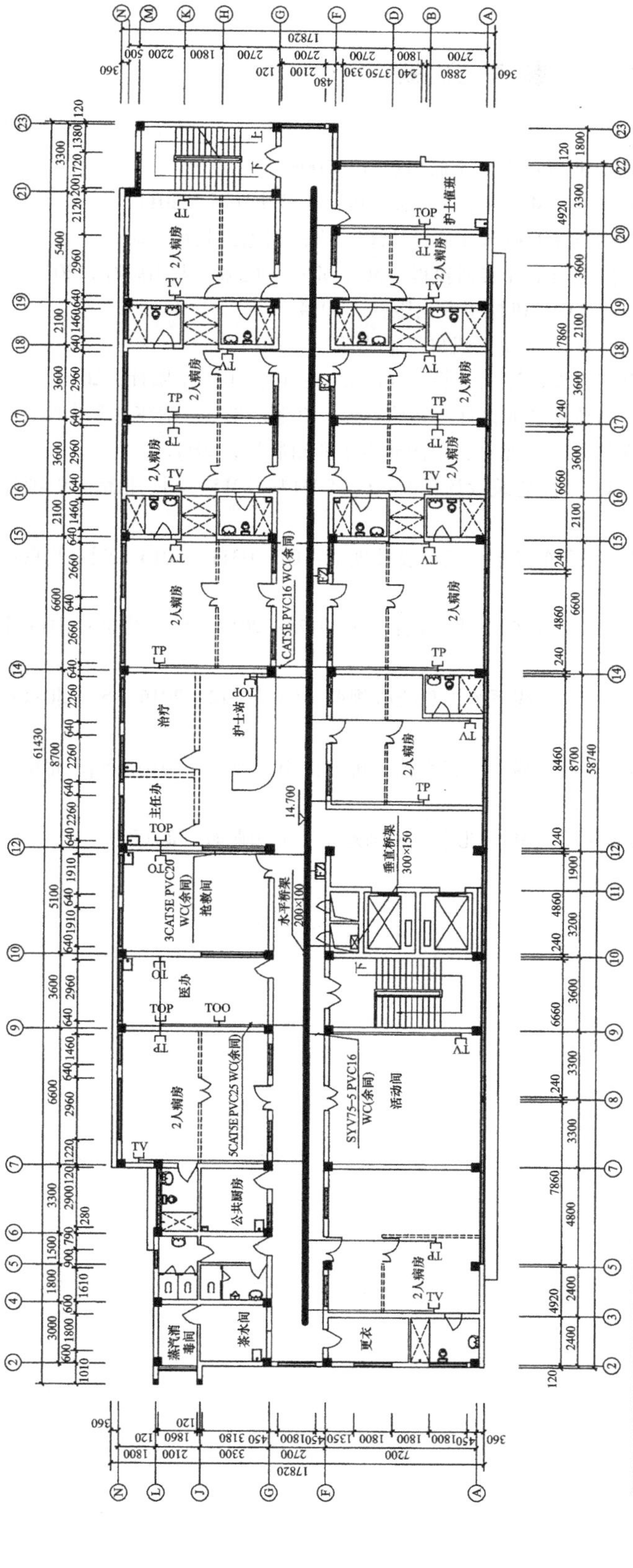

设备材料表

图例	设备名称	数量	安装方式	备注
TOP	双孔信息插座(语音/数据)	4只	墙装,离地0.3m	2CAT5E, PVC20
TO	单孔信息插座(数据)	2只	墙装,离地0.3m	CAT5E, PVC16
TOO	双孔信息插座(数据)	1只	墙装,离地0.3m	2CAT5E, PVC20
TP	单孔信息插座(语音)	11只	墙装,离地0.3m	CAT5E, PVC16
TV	电视终端插座	12只	墙装,离地0.3m	SYV75-5, PVC16
FZ	分支器	3只	墙装,离地2.6m	SYV75-7

附录图5　5层综合布线、有线电视系统施工平面图

参 考 文 献

［1］ 王娜. 智能建筑信息设施系统［M］. 北京：人民交通出版社，2008.

［2］ 黎连业. 网络综合布线系统与施工技术［M］. 4 版. 北京：机械工业出版社，2011.

［3］ 孙阳，陈枭，刘天华. 网络综合布线与施工技术［M］. 北京：人民邮电出版社，2011.

［4］ 黎连业，叶万峰，黎照. 综合布线技术与工程实训教程［M］. 北京：机械工业出版社，2012.

［5］ 刘化君. 综合布线系统［M］. 3 版. 北京：机械工业出版社，2014.

［6］ 陈宏庆. 智能弱电工程设计与应用［M］. 北京：机械工业出版社，2013.

［7］ 黎连业，黎恒浩，王华. 建筑弱电工程设计施工手册［M］. 北京：中国电力出版社，2010.

［8］ 黎连业. 智能大厦和智能小区安全防范系统的设计与实施［M］. 3 版. 北京：清华大学出版社，2013.

［9］ 梁华. 智能建筑弱电工程设计与安装［M］. 北京：中国建筑工业出版社，2011.

［10］ 中华人民共和国住房和城乡建设部. 智能建筑设计标准：GB 50314—2015［S］. 北京：中国计划出版社，2015.

［11］ 中华人民共和国工业和信息化部. 综合布线系统工程设计规范：GB 50311—2016［S］. 北京：中国计划出版社，2016.

［12］ 中华人民共和国工业和信息化部. 数据中心设计规范：GB 50174—2017［S］. 北京：中国计划出版社，2017.

［13］ 中华人民共和国工业和信息化部. 综合布线系统工程验收规范：GB 50312—2016［S］. 北京：中国计划出版社，2016.

［14］ 中华人民共和国工业和信息化部. 公共广播系统工程技术规范：GB 50526—2010［S］. 北京：中国计划出版社，2016.

［15］ 于海鹰，朱学莉. 建筑物信息设施系统［M］. 北京：中国建筑工业出版社，2017.